国家重点图书

专家为您答疑丛书

农村沼气实用技术百问百答

李华伟　名誉主编

曹建华　曹　琦　主编

中国农业出版社

图书在版编目（CIP）数据

农村沼气实用技术百问百答/曹建华，曹琦主编．—北京：中国农业出版社，2008.11

ISBN 978-7-109-13037-1

Ⅰ．农…　Ⅱ．①曹…②曹…　Ⅲ．农村－甲烷－综合利用－问答　Ⅳ．S216.4-44

中国版本图书馆 CIP 数据核字（2008）第 158931 号

中国农业出版社出版
（北京市朝阳区农展馆北路 2 号）
（邮政编码 100125）
责任编辑　张洪光

北京通州皇家印刷厂印刷　　新华书店北京发行所发行
2009 年 1 月第 1 版　　2011 年 8 月北京第 8 次印刷

开本：850mm×1168mm　1/32　　印张：9.5
字数：220 千字　　印数：48 601～52 600 册
定价：18.00 元

编著者名单

名誉主编：李华伟

主　　编：曹建华　曹　琦

副 主 编：叶　青　朱维林　白　桦
邓德才

编写人员：钟道金　欧阳明君　王爱华
孙俊贤　曹建华　曹　琦
邓德才　叶　青　朱维林
白　桦　王兰英

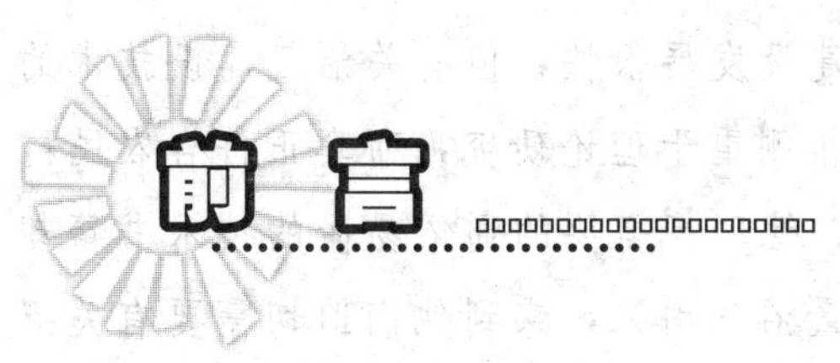

前言

我国是一个农业大国，也是一个沼气应用大国，沼气发展有悠久的历史。现在农村沼气已不再仅仅是点灯做饭的燃料，其技术应用范围越来越广泛，显示出了强劲的生命力。我国历届领导人都对沼气建设做出了明确指示。1958年4月11日毛泽东同志在视察武汉时就指出："沼气又能点灯，又能做饭，又能做肥料，这要好好地推广。"1980年7月10日邓小平同志在视察四川时指出："这东西很简单，可解决农村的大问题，沼气能煮饭，还能发电，一家搞一个池子能煮饭照明，几家联起来就能发电，这很好!"。1991年江泽民同志在视察西部大开发时指出："农村发展沼气也很重要，一可以方便农民生活，二可以改善生态环境。"2003年12月16日胡锦涛同志在视察河南农村沼气时指出："实现全面建设小康社会的宏伟目标，必须使可持续发展能力不断增强，生态环境得到改善，资源利用效率显著提高，促进人与自然的和谐，推动整个社会走上生产发展、生活富裕、生态良好的文明发展道路。"近几年，发展农村沼气，已经得到党和国家的高度重视，受到广大农民的热烈欢迎，呈现出了显著的能源、经济、生态和社会效益，成为建设社会主义新农村的重要组成部分，为解放农村妇女和提高妇女地位也作出了重要贡献。

目前，虽然沼气建设发展很快，但有关沼气建设技术的书籍却很少，部分书籍侧重于理论研究，而真正符合农民群众建池、发酵、安装、管理等需要的通俗易懂的技术书籍却很少。我们调查了大量沼气用户，感到他们迫切需要有关沼气的各种技术知识，以便使沼气池发挥出更大的效益。为此，我们克服种种困难，根据近30年的农村能源工作实践经验和大容量的池户调查案例，参阅国家有关技术资料和最新科研成果，编著了《农村沼气实用技术百问百答》。该书内容十分丰富，写法上力求深入浅出、通俗易懂、操作性强。全书共分八个部分，采用问答形式，一题一议，便于读者查找。特别适合农村能源工作者、沼气技术员、乡镇负责沼气的技术干部及渴望沼气知识的广大读者和农村沼气户，希望本书能为农民兄弟姐妹解决建池和建池后沼气综合利用问题。

本书在编写过程中得到了广西柳州市广青沼气服务有限公司、安徽合肥市伟友燃气设备有限公司、湖南华容县沼气灯具厂、广西得胜新能源科技有限公司等相关单位的大力支持和帮助，在此一并致谢。

由于编者水平有限，书中难免有疏漏和错误之处，恳请广大读者提出宝贵意见，以便我们及时修正。

编　者

2008年6月

目 录

第一章 概　述

1. 什么叫沼气？沼气来源于何处？

沼气是一种能够燃烧的气体，是取之不尽用之不竭的生物能源。我们常在一些死水塘、臭水沟、大粪池中，看到表面咕嘟咕嘟地冒气泡，气温越高，气泡冒得越多。这些气泡里的气体就是沼气。最早因为人们在沼泽地带发现这种气体，所以就给它起名叫“沼气”。

2. 在我国农村广泛推广沼气建设有哪些好处？

在我国农村广泛推广沼气建设意义重大：①发展沼气建设生态型新农村，是在保护生态的前提下发展社会主义新农村建设，促进农村经济的繁荣，符合我国的可持续发展的战略要求。②沼气建设投入低、产出高、实现了农村经济快速增产增收，有效地利用废物资源创造了财富，使贫困农民迅速致富。以 8 米^3 的沼气池为例，每池造价约 1 800 元左右，年产沼液沼渣 10～15 吨，可满足 2～3 亩* 无公害瓜菜的用肥需要，使粮食增产 15%～20%，蔬菜增产 16%～40%；每户年均减少燃料、电费、化肥、农药等支出 2 000 元左右。③发展沼气所产出的高效有机肥，有效地施用于农作物及果树、蔬菜田，大大减少了农药、化肥的施用量，生产的各种无公害食品，确保了人民健康生活。例如：全国现有 2 300 万户用沼气，8 米^3 沼气池可年产沼液、沼渣 10～

---

* 亩为非法定计量单位，1 公顷＝15 亩。

15吨，相当于6 000万亩左右的农田可完全种植无公害粮食、瓜菜的用肥需要，极大地节省了农药和化肥的施用量，有效地减轻了农作物的污染。④发展沼气是以保护生态环境为前提，做到了人与自然和谐相处。从而促进了社会主义新农村各项经济的繁荣昌盛，因此说，大力推广沼气建设是社会主义物质文明、精神文明、政治文明和生态文明建设的重要标志。

3. 为什么说沼气、沼肥综合利用技术是一种先进生产力？

因为，在当今社会世界能源普遍紧缺的情况下，特别是在我国由于能源资源极度缺乏使石油、煤炭、电力等能源价格普遍迅速上涨，国家提倡在全国广大农村地区，大力发展沼气建设，这不仅能缓解“能源危机”的现状，而且也能有效地封山育林保护森林资源，改善农业生态环境，减少疾病及传染病的发生和发展。同时合理调配利用自然资源，变废为宝，避免了滥用资源现象。沼气、沼肥的充分综合利用，进一步提高了劳动生产率、资源利用率、农副产品优质率、保鲜延长率及畜牧养殖迅速增长率，直接推动了农村生产力由落后状态向先进状态转变，使广大农民兄弟能用较少的投入创造出更高的经济效益，以满足人民群众物质生活和文化生活的需要，有力促进了社会主义新农村建设的蓬勃发展。

4. 为什么说沼气建设是改善农村生态环境卫生状况的洁美工程？

目前有些农村还普遍存在“脏、乱、差”现象，特别是厕所、猪圈污染比较严重，由于畜禽粪便没有得到及时有效处理，导致家居庭院污水横流、臭气熏天、蚊蝇乱飞，这样既影响农民的生活质量，也容易引起各种疾病、疫病的发生和发展，如果全国农村地区大力推广沼气建设，人畜粪便经过沼气池无害化处理后，不仅能解决上述所存在的问题，而且还彻底改善了农村生态环境卫生状况，消灭了传染源，切断了疫病传播渠道，使广大农村人民群众生活环境逐步走向洁美、卫生的健康之路。例如，河南省鹿邑县算李村现有耕地 680 亩，144 户，478 人，种植胡桑 560 亩，年人均纯收入 7 000 多元。2005 年初，算李村响应政府号召掀起了建设沼气生态村热潮。通过实施生态村建设，不仅有效治理了村容村貌，改变了农村柴草遍地、污水横流、环境污染的不良状况，而且促进了种植业、养殖业的高效发展，增加了农民收入，实现了家居温暖清洁化、庭院经济高效化、农业生产无害化的目标。目前，全村实施“一池三改”120 户，占总户的 83%，修铺水泥路 2 600 米，修下水道 2 200 米，种植各种果树 15 000 棵，种植风景树 3 000 棵，新打深水井 1 眼。全村家家养蚕，户户养猪，水泥路通、沼气通、下水道通、自来水通，风景树、果树成荫，花香四溢，成为名副其实的生态村。2006 年该村被全国精神文明建设委员会评为全国生态文明村。

5. 为什么说发展沼气建设可使广大山区绿树成荫、山川秀美?

沼气的发酵原料主要来源于人畜粪便和农业废弃物等，沼气是一种可再生能源，它取之不尽，用之不竭。如果在山区户建 8 米^3 沼气池计算年可产沼气 350～400 米^3 左右，节约薪柴相当于 0.3 公顷薪炭林一年的生长量，若有 70%以上的山区农户使用沼气，则封山育林有了可靠的保证。因此说在广大山区发展沼气建设非常必要和重要，它是保护山区森林植被、改善生态环境的重要手段，是荫及子孙、泽及后代的大事。

6. 目前我国农村户用沼气池的发展情况怎么样?

我国农村已有户用沼气池 2 300 万户左右，由于大力推广沼气池中沼气、沼肥的综合利用，为农民带来了更多实惠和明显的经济收入，近几年农村户用沼气池建设发展很快，几乎是以每年新建数百万个沼气池的速度递增。例如：河南省项城市崔马庄行政村，现有耕地 2 298 亩，500 户，2 300 口人。2005 年初崔马庄村响应政府号召实施“一池三改”430 户，占 86%，全村种植梨、柿等杂果树 1.2 万株，新建硬化路近 6 千米，修下水道 6 千米，安装路灯 60 盏，自来水入户率 90%，大大改善了崔马庄村的生活环境和生产条件，为发展沼气建设做出了示范。

7. 为什么说发展沼气能带来巨大的经济效益、生态效益和社会效益？

(1) 经济效益：一般来说，建一口 8 米^3 沼气池，在正常产气的情况下 1 年可产气 350～400 米^3，能满足 3～4 人家庭的日常炊事、照明的需要。可节煤 2 000 千克，节电 300 度左右，节约燃料费 780 元，电费 200 元。在日光温室蔬菜生产中，用沼气灯增施二氧化碳气肥，可使黄瓜增产 20%～30%，芹菜增产 18%～25%，番茄增产 16%～20%。用沼气烘干粮食、农副产品以及沼气储粮防虫、沼气保鲜水果等，都可以达到费用省、效果好的目地。同时，一年提供的沼液、沼渣相当于 50 千克硫酸铵，40 千克过磷酸钙。施用沼肥可使所有的粮食作物、经济作物和果树增产 8%～35%左右，沼液喂猪可提前 20～30 天出栏，每头猪平均可节省成本 130 元左右，沼液养鱼，沼渣栽培食用菌可增产、增收 10%～35%。

(2) 生态效益：沼气的开发利用可缓解农民烧柴、烧草、烧煤的局面，保护和恢复森林植被，促进生态环境的改善。同时，长期施用沼肥的土壤有机质、氮、磷、钾等营养元素含量增加，显著提高了土壤肥力和作物抗病虫害的能力，促进了农业生产的增收、增效。

(3) 社会效益：沼气的推广应用极大地节约了各种能源物资和大量的煤、油、电等常规能源，缓解了城乡用能源的紧张局面，避免了因每天烟熏火燎而引发的各种眼病和呼吸道疾病，保护了农民群众的身体健康，特别是将农村妇女从烟熏火燎的痛苦之中解放了出来，同时节约了大量时间发展副业，实现了自然与人的和谐发展。

8. 以 8 米^3 沼气池为例在北方地区户用沼气池的年经济效益如何?

①一口 8 米^3 的沼气池，以年养猪存栏 3～8 头的五口之家的人畜粪尿做发酵原料，全年可产沼气 350～400 米^3，能满足全家日常炊事、照明的需要。可节煤 2 000 千克，节电 300 度左右，节约燃料费 780 元、电费 200 元，共计 980 元。②沼肥是一种优质饲料，用来喂猪可提前 20～30 天出栏，一头猪可节约饲料 50 千克，每头猪纯利都在 200 元以上。③可以提供大量的优质肥料，一口 8 米^3 的沼气池，全年提供 10～15 吨的沼肥相当于 50 千克硫酸铵、40 千克过磷酸钙和 15 千克的氯化钾。施用沼肥能使所有的粮食作物、经济作物和果树增产，增产幅度一般在 8％～35％。总之，沼气发酵与种植、养殖相结合，经济效益可成倍增长。

9. 以 10 米^3 沼气池为例"四位一体"能源生态模式中户用沼气池年经济效益如何?

"四位一体"生态模式，将日光温室、畜禽养殖、沼气生产和蔬菜、花卉种植有机结合，组成沼气综合利用体系，每年每亩经济收入高达 8 000～30 000 元。

10. 以 10 米^3 沼气池为例，"猪—沼—果"能源生态模式户用沼气池年经济效益如何?

南方"猪—沼—果"模式经营户在沼气节能及其综合利用方面获得直接经济效益户均 6 000～20 000 元。

第二章 基础知识

11. 沼气是怎样制取的？

简单地说，沼气是粪便、秸秆等有机物质在一定的温度、水分、酸碱度并在厌氧的条件下，经过沼气菌的发酵作用而产生的。

12. 沼气是一种什么样的气体？

沼气是各种有机物质在隔绝空气并有适宜温、湿度条件下，经过微生物的发酵作用而产生的一种无色、可燃、有毒、略有臭味的混合气体。主要成分是甲烷，其余为二氧化碳、一氧化碳、氮气和硫化氢等。

13. 沼气的主要成分是什么？

沼气的主要成分是：甲烷和二氧化碳，其次有一氧化碳、氢、氧、硫化氢、氨和碳氢化合物等。其中，甲烷含量为55％～70％，二氧化碳含量为25％～40％。

14. 沼气的性质是什么？

沼气的主要成分是甲烷，所以它的性质也主要由甲烷所决定。

（1）物理性质：①甲烷在常温、常压下是一种无色无味的气体，但因沼气中含有万分之几的硫化氢，所以沼气略带有臭鸡蛋味或蒜味。②甲烷的相对密度为0.55，比空气轻一半，而含

60%甲烷的沼气相对密度比空气略轻。③甲烷的分子直径很小，因此在应用中沼气很容易跑掉。同时，甲烷对水的溶解度很小。④甲烷的扩散速度比空气快3倍。

(2) 化学性质：甲烷的化学性质比较稳定。在一般条件下，不易与其他物质发生化学反应，但在外界条件适宜时，即可发生反应。①甲烷的燃烧。当它与适量空气混合完全燃烧时，产生淡蓝色火焰，最高温度可达1 400℃，并释放出大量热量。②甲烷的受热分解。甲烷在隔绝空气加热（1 000～1 200℃）的条件下便可裂解成炭黑和氢气。③甲烷与氯气反应。在光照或加热至400℃的条件下，甲烷与氯气可发生剧烈反应。④甲烷与水反应。甲烷在650～800℃高温和有催化剂的条件下可与水蒸气发生反应，生成氢气和二氧化碳。从以上甲烷的一系列化学反应中可以看出，沼气不仅是优质的气体燃料，同时又是化学工业的重要原料。

15. 产生沼气的物质条件有哪些？

产生沼气必备的物质条件有：沼气菌种、发酵原料（有机物质）、水分、密闭容器，一定的温度和酸碱度等。

16. 根据沼气的来源不同沼气可分为几种？

沼气分为天然沼气和人工沼气两大类。①天然沼气是在自然环境条件下有机质被微生物厌氧分解产生的，是自发的厌氧发酵产物。②人工沼气是在人为创造厌氧微生物所需要的营养和环境条件下，在特定的装置里，积累高浓度厌氧微生物，分解发酵培植好的有机质而产生的。

17. 什么是甲烷？

甲烷是一种无色、无味理想的气体燃料。当空气中甲烷的含量达到25%～30%时，对人畜有一定的麻醉作用。

18. 甲烷菌的特点是什么?

甲烷菌有4个特点：①严格厌氧，对氧气和氧化剂非常敏感；②要求中性偏碱的环境条件；③菌体倍增时间较长，有的4～5天才能繁殖下一代；④只能利用少数简单的化合物作为营养。

19. 甲烷菌的形态有几种?

甲烷菌有4种形态：八叠球状、杆状、球状、螺旋状。

20. 甲烷的热量、着火温度是多少?

1米^{3}甲烷在标准大气压下（1个标准大气压约为100千帕，温度为0℃时）可放出35 822.6千焦耳的热量。着火温度为680～750℃最高达1 400℃，1米^{3}沼气的燃烧值相当于3.3千克原煤。

21. 沼气中甲烷含量高有什么好处?

甲烷含量越高，沼气的质量就越好。一般来说，甲烷含量达到35%时就可以勉强燃烧，含量在50%以上时，方能正常燃烧。沼气燃烧时火焰的红色较多，说明甲烷含量偏低；火焰呈煤蓝色，说明甲烷含量高。

22. 沼气微生物代谢产物可分为哪几部分?

沼气微生物代谢产物可分为两部分。第一部分是沼气，它产生后自动与料液分离，并逸出到空间。第二部分是保存在发酵料液中的物质，这类物质又可分为三类。第一类是作物的营养物，第二类是一些金属或微量元素的离子，第三类是对生物生长有刺激作用，对某些病害有杀灭作用的物质。

23. 什么是硫化氢？

硫化氢是一种无色，有臭鸡蛋味，有强烈毒性和腐蚀作用的有毒气体。燃烧时火焰呈蓝色，易溶于水。当浓度超过 0.1%时可很快致人死亡，因此，在使用沼气时一定要利用脱硫器，脱除硫化氢气体。

24. 二氧化碳在沼气中含有多少？

在沼气中二氧化碳占 20%～45%，当空气中二氧化碳含量增加到 30%时，人的呼吸就会受到抑制，并很快窒息死亡。所以说二氧化碳也是有毒气体。正在使用的沼气池内几乎没有氧气，加上二氧化碳含量高达 20%以上，还有硫化氧等气体，人若进入这样的环境就会立即窒息而中毒死亡。

25. 沼气有哪些主要用途？

沼气可以做饭、点灯、洗浴（沼气热水器）、取暖、消毒、孵化家禽、储粮保鲜、灭虫和点灯诱蛾，还可以发电用于副业加工等方面，节省的麦秸等用做大牲畜饲料，促进养殖业的发展，节省的柴草保护了森林植被，使生态环境得到改善。同时，1 米^3 沼气可发电 1.25℃、供载 3 吨的汽车行驶 2.8 千米、供 1 马力（相当于 735.499 瓦）内燃机工作 2 小时、相当于 60～100 瓦电灯光的沼气灯照明 6 小时、相当于 0.7 千克的汽油、0.4 千克的煤油。

26. 沼气的容重、比重、热量温度是多少？

沼气的容重为 1.22 千克/米^3，沼气的比重为 0.943，在 1 米^3 沼气完全燃烧时，可放出 17 911.3～25 075.8 千焦耳的热量。着火温度最高达 1 200℃。

27. 沼气中的有毒气体主要是什么?

沼气中的有毒气体主要是硫化氢，它是一种无色，带有强烈毒性和腐蚀作用的有臭鸡蛋味的气体，燃烧时火焰呈蓝色，易溶于水，浓度超过0.02%时可引起人头疼、乏力、失明、胃肠道病等症状，超过0.1%时可很快致人死亡。

28. 什么是“一气带三料、三料促五业、五业出效益”?

一气是指沼气，三料是指燃料、饲料、肥料，五业是指农业、林业、畜牧业、副业、渔业，效益是指能源效益、经济效益、生态效益和社会效益。一气带三料、三料促五业、五业出效益可理解为沼气的发展带动了燃料、饲料、肥料的发展，促进了农业、林业、畜牧业、副业、渔业，得到了能源效益、生态效益、经济效益和社会效益。

29. 什么是“沼气生态模式”?

以沼气为纽带，集种植、养殖、能源综合利用为一体，按照生物学、生态学原理把沼气、生物、肥料、饲料等有机结合起来，我们称之为沼气生态模式。

30. 什么是“三沼”?

沼气池产生的沼气、沼液、沼渣简称为“三沼”。

31. 目前我国沼气应用于生态农业的主要模式有几种?

以沼气为纽带的农业生态模式有：①“四位一体”，②猪—沼—果，③猪—沼—菜，④猪—沼—鱼，⑤牛—沼—饲，⑥猪—沼—粮，⑦猪—沼—瓜，⑧猪—沼—茶，⑨猪—沼—稻，⑩蚕渣— 猪—沼—桑，⑪ 鸡粪—猪—沼—孵鸡，⑫ 猪—沼—菇，⑬猪—沼—花，⑭猪—沼—药，⑮猪—沼—蔗。

32. 什么是沼液?

沼液是沼气发酵后的副产品，是一种具有速溶肥性质的液体。其中不仅含有较丰富的可溶性无机盐类，同时还含有多种沼气发酵的生化产物。

33. 沼液的营养成分主要是什么?

沼液中含有17种氨基酸和维生素、生长激素、抗生素以及铁、锌、铜、锰等多种矿物元素。沼液中含速效养分相当丰富，沼液肥中全氮量0.45%，水解氮0.032%，是一种速效性肥料。因此，在利用中它往往表现出多方面的功效。如营养、抑菌、刺激、抗逆等效果。

34. 沼液有哪些作用?

①沼液可以作肥料，浸种，喷施果树、花卉、蔬菜等各种农作物防治病虫害和及时供给养分。②沼液可以养鱼、养羊、喂猪、喂牛、喂鸡等。③沼液可以用于猪圈消毒。④沼液可以用作无土栽培母液等。

35. 什么是沼渣?

在沼气生产中经厌氧发酵后，残留物料的固体部分俗称沼渣。沼渣含有较全面的养分元素和丰富的有机物质，具有速缓兼备的肥效特点。

36. 沼渣的营养成分主要是什么?

经分析，沼渣中含有腐殖酸10%～20%、有机物30%～50%、全氮1.0%～2.0%、全磷0.4%～0.6%、全钾0.6%～1.21%并含维生素、激素等。

37. 沼渣有哪些作用?

①沼渣富含有机质腐殖酸可作肥料直接施用，对当季作物有良好的增产效果，若连续施用，能起到改良土壤、培肥地力的作用。②沼渣在生产中主要用于农作物、果树、苗木生产的基肥，还可用于生产食用菌、养鳝鱼、养泥鳅、养蚯蚓等。

38. 什么叫粪草比？在沼气发酵中粪草比多少为宜?

采用秸秆和粪混合作为沼气发酵原料，根据所要用的原料确定适宜的粪草比例叫粪草比。

在实际应用中，粪草比例的多少很重要，一般认为粪草比应达到 2.5∶1，不宜小于 1.5∶1。

39. 为什么说沼液、沼渣是优质饲料生长剂?

实践证明，沼液、沼渣是优质的饲料生长剂，它可加快动物体内肝糖、肌糖的积存，减少发病率，提高饲料转化率，提高畜禽产品质量，缩短出栏周期，增加养殖经济效益。

40. 为什么说利用沼液养猪能迅速提高经济效益?

实践证明，利用沼气池正常产气 3 个月后的沼液喂猪，可以使猪育肥期由过去的 9 个月缩短到 5 个月，料肉比由过去的 5∶1 减少到 3.5∶1，每年可多出栏一批猪，每头猪纯利在 200 元以上。

41. 为什么说沼肥具有很强的培肥地力增加农作物产量的作用?

每个 8 米^3 的沼气池年均可提供沼肥 15～20 米^3 左右，沼肥中富含作物生长所必需的氮、磷、钾等元素，是理想的无公害肥料。若土壤连续施用沼肥 5 年以上，可使土壤孔隙度、有机质含量、全氮含量不断增加，土壤容重减少，土壤微生物活跃，保水抗旱性能提高，土壤肥力不断得到加强，使原来的低产田变成高产、优质高效农业的保护地，因此说，沼肥的综合利用是现代农业生产的体现，真正具有无污染、高效、培肥地力、发展高效农业的作用。

42. 什么叫沼气的产气率？

沼气的产气率有两种说法：一种为公称产气率，即池容产气率，是指 24 小时沼气产量除以沼气池建筑容积之商；另一种为有效发酵原料体积产气率，即 24 小时所产沼气总量除以沼气池实际装存的料液体积的商。目前大家习惯称谓的产气率，均指公称产气率。

43. 沼气池与产气率的高低与什么有直接关系？

实践证明：农村家用沼气池产气率的高低，一般与池型没有明显直接的关系，而与发酵原料、发酵温度和管理技术关系密切。

44. 什么是“生态家园”？

生态家园是指以沼气为纽带，把可再生能源综合利用技术与农业生产技术相结合，配套进行改厨、改厕、改圈、改院、改水、改路等工作，致力实现庭院经济高效化，农业生产无害化，家居环境清洁美化，形成以农户为单元的基本生活生产内部的生态良性循环的一种模式。

45. 什么是“四位一体”？

“四位一体”即北方农村能源生态模式，是科研人员在群众实践的基础上研制出的高产、高效、优质、生态、安全农业生产模式。它依据生态学、生物学、经济学、系统工程学原理，以土地资源为基础，以太阳能为动力，以沼气为纽带，将沼气池、畜（禽）舍、厕所、日光温室组合在一起，构成四位一体综合利用体系，从而在同一块土地上，实现产气积肥同步，种植养殖并举，能流、物流良性循环，成为庭园经济与生态农业相结合的一种高产、优质、高效农业生产模式。

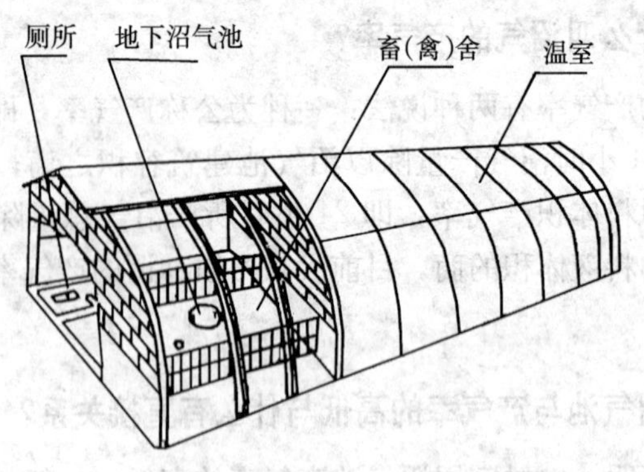

图 1 “四位一体”能源生态模式结构示意图

46. 什么是“一池三改”？

“一池三改”指的是建一口沼气池并做到改圈、改厕、改厨，同步设计同步施工。

47. 什么是“三结合”？

“三结合”指的是猪圈、厕所和沼气池相结合。

48. 什么是水压式沼气池？水压式沼气池一般有几部分组成？水压式沼气池的优点是什么？

水压式沼气池在地下埋设、混凝土结构圆筒形（或环形）。其工作原理是：在水压式沼气池中，当发酵产生的沼气逐步增多时，气压随之增高（气压表显示）出料间液面和池内液面形成压

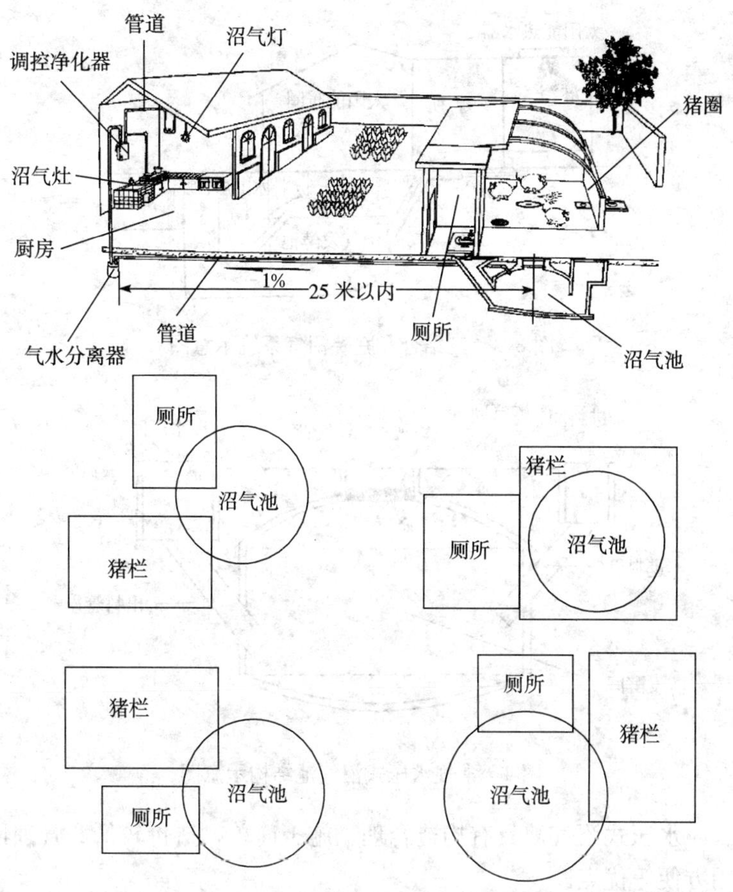

图 2　沼气户“一池三改”规划布局示意图

力差，因而将发酵间内的料液压到出料间，直至内外压力平衡为止。当用户使用沼气时，池内气压下降，出料间中的料液便被压回发酵间内，以维持内外压力新的平衡。这样不断地产气和用气，使发酵间和出料间的液面不断地升降的池型称为水压式沼气池。

水压式沼气池一般由：进料口、进料管、发酵间、活动盖、导气管、出料管、出料间（水压间）等组成。

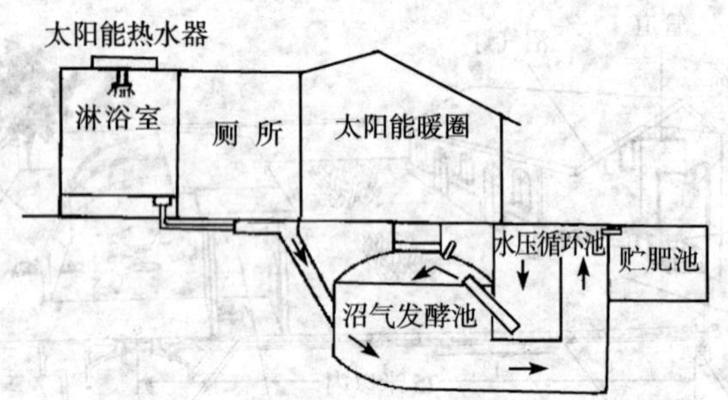

图3　“三结合”庭院沼气系统示意图

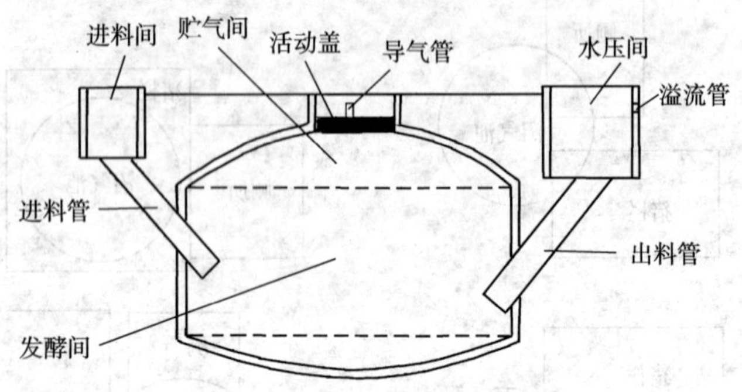

图4　常规水压式沼气池结构示意图

水压式沼气池具有构造合理、施工简单、造价较低、管理使用方便等优点。

49. 水压式沼气池目前有几种形式?

水压式沼气池有三种形式，根据水压间位置的不同可分为：①侧水压式沼气池；②顶水压式沼气池；③分离水压式沼气池。

50. 水压式沼气池的特点是什么?

常规水压式沼气池是国家标准推广的沼气池，占全国推广总量的 90%以上，农户常用的容积有 6 米³、8 米³、10 米³，可满足 3～5 口之家全年做饭和照明，一般造价为 1 700～1 900 元，混凝土结构的沼气池使用寿命为 20 年以上，砖混结构的沼气池使用寿命为 12 年以上。水压式沼气池一般都建在地下，其上可建造畜禽圈舍、厕所或其他建筑物，节约土地，成本较低。水压式沼气池产气前，池内液面与进料间、水压间液面平齐。产气后沼气向贮气间汇集，池内发酵料液在沼气压力的作用下，挤压到水压间和进料间，使二者的液面升高。当使用沼气时由于池内沼气压力下降，水压间内的发酵料液便依靠重力的作用流回发酵间内，将沼气经导气管压出，为燃具供气。沼气的产生、贮存和使用就这样周而复始地进行。

51. 侧水压式沼气池的特点是什么?

所谓侧水压式沼气池，是指水压间设置于沼气发酵池的侧面，其水压间底部有一连通管与发酵池联通，顶部设有盖板。侧水压间也可作平时零星出料的出料间用。侧水压间可设计成圆柱形、椭圆柱体形、长方体形、正方体形、圆筒形等。

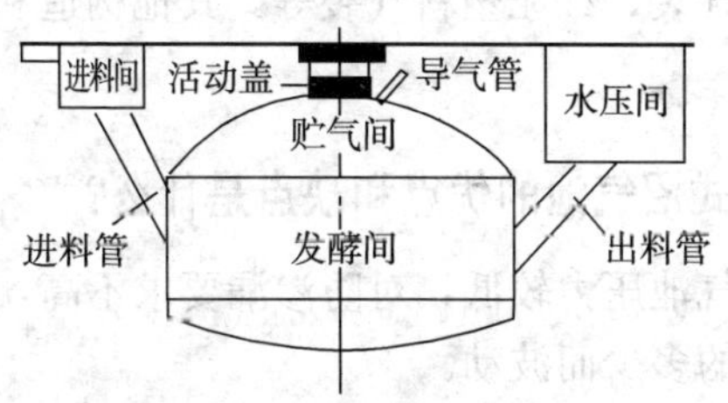

图 5　侧水压式沼气池结构图

52. 顶水压式沼气池的特点是什么?

水压间设置于发酵池顶部（池盖为水压间的底板），池盖支座处设一连通管与水压间联通，水压间上部应设置盖板。

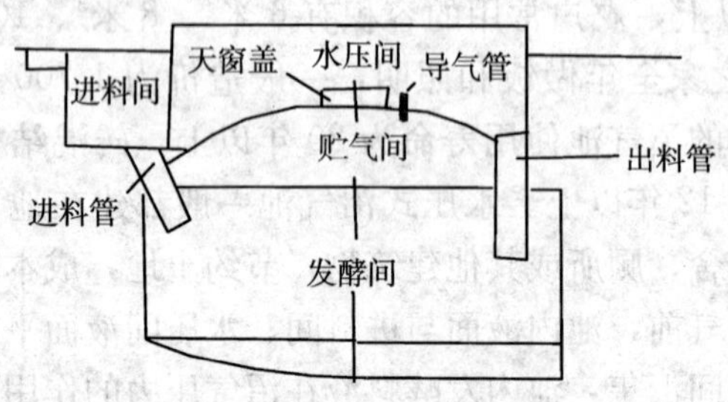

图6 顶水压式沼气池结构图

53. 分离水压式沼气池的特点是什么?

在沼气池附近专门建造分离水压式贮气柜，发酵池内所产沼气由输气管输至该贮气柜内，按照水压式原理贮存和使用。

54. 水压式沼气池的缺点是什么?

气压不稳定，对灯具、灶具的稳定燃烧不利。

55. 什么是气袋式沼气池?

气袋式沼气池是由气袋贮存沼气，气袋一般采用橡胶气袋、聚氯乙烯塑料气袋、红泥塑料气袋等。其他构造和水压式沼气池基本相同。

56. 气袋式沼气池的优点和缺点是什么?

气袋式沼气池压力较低，对防渗漏要求不高，沼气池发酵料液不会随沼气的多少而波动。

①气袋材料价格贵，容易老化，寿命不长；②沼气压力太低，难以用来煮饭、点灯。若要满足使用要求，需要在气袋上施加重力，使其具有一定的压力。

57. 气袋式沼气池有几种形式? 其特点是什么?

气袋式沼气池有三种形式:①无围护架气袋式沼气池:发酵池

所产沼气由气袋贮存，使用时为增加气压，可在气袋上施加重物。②有围护架气袋式沼气池：气袋周围紧贴气袋设置有围护架，以提高气袋的承载能力。③有压荷架气袋式沼气池：由1个或数个气袋重叠而成，气袋上部设置带有导向系统加荷架的恒压式气袋。

58. 什么叫浮罩式沼气池？

沼气是由浮罩贮存的沼气池，叫浮罩式沼气池。产气时，浮罩上升，用气时浮罩下降。

59. 浮罩式沼气池由哪几部分组成？

浮罩式沼气池由发酵间、贮气罩、进料管、水压间、出料管、活动盖、导气管、导气软管、贮气罩导轨、贮气罩导轮、进气管、开关、输出气管组成。

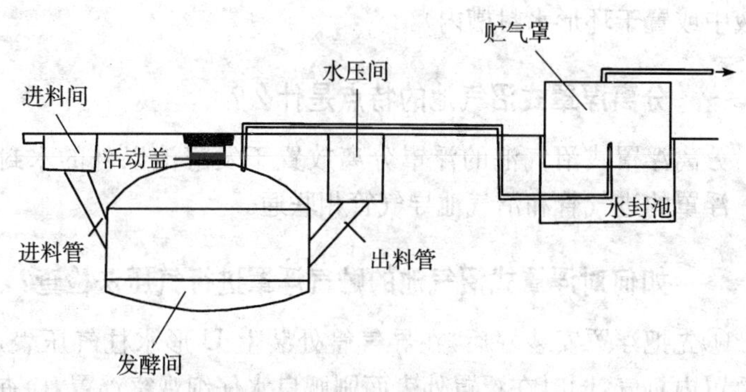

图7　浮罩式沼气池结构示意图

60. 浮罩式沼气池的特点是什么？

浮罩式沼气池由发酵池和贮气浮罩组成，发酵池的构造和水压式沼气池基本相同，不同点是水压式沼气池的贮气间由浮罩代替，发酵间所产沼气，通过输气管道输送到贮气柜贮存和使用。浮罩式沼气池的工作原理与水压式沼气池的工作原理大同小异。

发酵间产生沼气后，沼气通过输气管路源源不断地输送到贮气罩，贮气罩升高。用气时，沼气由贮气罩重量压出，通过输气系统送至沼气燃具使用。浮罩式沼气池具有气压恒定，燃烧器具能稳定使用；池内气压低对沼气发酵池的防渗要求较低等优点。但存在建池成本较水压式沼气池高30%左右、占地面积大、施工周期长、施工难度大、材料价格较贵等缺点。

61. 浮罩式沼气池目前有几种形式?

浮罩式沼气池目前有两种形式：顶浮罩式沼气池，分离浮罩式沼气池。

62. 顶浮罩式沼气池的特点是什么?

顶浮罩式沼气池的浮罩设置于发酵池上部（浮罩可直接置于料液中或置于环形水封槽内）。

63. 分离浮罩式沼气池的特点是什么?

分离浮罩式沼气池的浮罩分离放置于发酵池以外的水封池内，浮罩的进气管和沼气池导气管相联通。

64. 如何对浮罩式沼气池的贮气浮罩进行气压法检查?

①先把浮罩安装好后，在导气管处装上U形水柱气压表，再向浮罩内打气，同时在浮罩外表面刷肥皂水仔细观察浮罩，检查表面是否气泡产生，若有就是有漏气。②当浮罩上升到设计最大高度时停止打气，稳定观察24小时U形水柱气压表，水柱下降数值小于设计工作气压的3%时，可确认该浮罩的抗渗性能符合要求。

65. 球形沼气池的特点是什么?

球形沼气池的特点是：①表面积最小；②结构较为合理，用料少，适用于小容积沼气池。

66. 椭球形沼气池的特点是什么?

椭球形沼气池的特点是：①结构合理；②表面积小，搅拌效果好，但施工不便。

67. 长方形沼气池的特点是什么?

长方形沼气池的特点是：①施工方便；②表面积大，用料多；③结构受力性能差，不便搅拌，不宜推广。

68. 拱形沼气池的特点是什么?

拱形沼气池的特点是：①结构合理，受力性能好；②适合于采用砖、石、混凝土等抗压强度远大于抗拉强度的脆性材料建池。

69. 纺锤形沼气池的特点是什么?

纺锤形沼气池的特点是：①结构合理，施工方便；②用料省，用工少，便于搅拌和推广。

70. 圆管形沼气池的特点是什么?

圆管形沼气池的特点是：适合于工厂化预制管件，装配式现浇混凝土接头。

71. 我国沼气池的设置可分为几种形式?

我国沼气池设置形式有：①地下式沼气池；②半埋式沼气池；③地上式沼气池；④架空式沼气池。

72. 地下式沼气池的特点是什么?

沼气池埋设于地下，可减少池体内力，有利于池体保温，方便进料，从而节约材料。但却带来施工不便特别是高地下水位地区建池，增加土方开挖量，出料不方便。

73. 半埋式沼气池的特点是什么?

部分池体在地下，部分池体在地上。较为合理的埋设应是池盖露出地面，池墙、池底在地面以下。避免了地下池的缺点，保留了地下池的优点。

74. 地上式沼气池的特点是什么?

池墙基埋入地下，池体绝大部分露出地面。具有施工方便、减少开挖土方量、易保温、出料方便的优点。

75. 架空式沼气池的特点是什么?

沼气池体架空于地面以上，池体重量靠立柱传入地基，采用这样的池体出料就更为方便。

76. 根据建造材料沼气池分为哪几大类型?

根据建造材料的不同，沼气池可分为①砖结构池，②钢结构池，③石结构池，④混凝土结构池，⑤钢筋混凝土池，⑥钢丝网水泥池，⑦玻璃钢池。

77. 砖结构沼气池有哪些特点?

①取材容易，施工方便；②造价低，适合于受压构件砌体，抗拉强度远低于抗压强度。

78. 钢结构沼气池有哪些特点?

①强度高，施工机械化程度高；②抗渗漏性能好，适应面广，但抗腐蚀能力差，造价高。

79. 石结构沼气池有哪些特点?

①砌体抗压强度远大于抗弯、抗拉强度；②仅适合于有石材

地区建池，石材加工用工量多。

80. 混凝土结构沼气池有哪些特点？

①抗压强度远大于抗拉强度，施工方便，用工少；②需要模板，适应性强，使用寿命长，便于推广。

81. 钢筋混凝土结构沼气池有哪些特点？

①受力性能良好，用料省，造价低，适应性强，便于推广；②适合于大容积沼气池，使用寿命长。

82. 钢丝网水泥结构沼气池有哪些特点？

机械化程度低，受力性能好，造价低，适合于小容积沼气池。

83. 抗碱玻纤低碱度水泥砂浆结构沼气池有哪些特点？

①抗拉、抗弯、抗压、抗冲击等强度均比一般水泥砂浆的高；②抗渗漏性能好，使用寿命 10 年以上，适合于部件工厂化生产和现场装配化组装。

84. 我国目前推广使用的主要有几种结构材料沼气池？

①混凝土结构沼气池；②钢筋混凝土结构沼气池；③砖结构沼气池；④石结构沼气池。

85. 目前最常用的沼气池有几种类型？

最常用的沼气池主要有:①常规水压式沼气池,②旋流布料沼气池,③强回流沼气池,④曲流布料沼气池,⑤浮罩式沼气池等。

86. 什么是旋流布料沼气池？

旋流布料沼气池是利用沼气产气动力和动态连续发酵工艺，实现了自动循环、自动搅拌等高效运行状态。

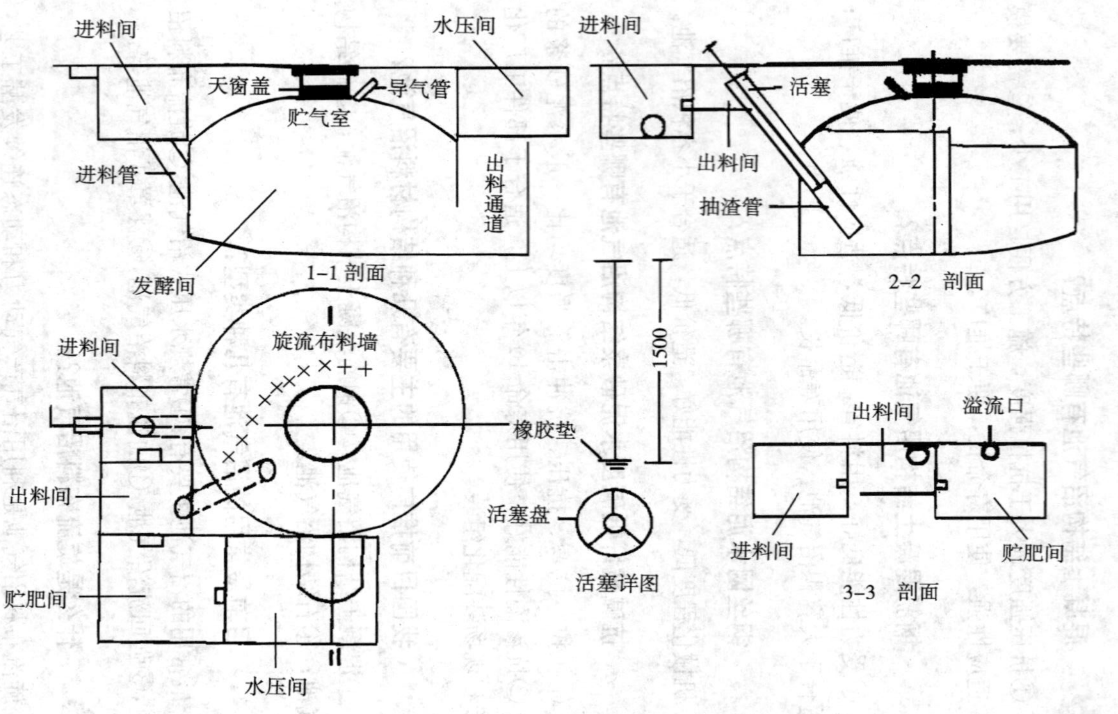

图 8 旋流布料沼气池结构示意图（单位：毫米）

87. 旋流布料沼气池由哪几部分组成？

①进料口；②进料管；③发酵间；④贮气室；⑤活动盖；⑥水压间；⑦旋流布料墙；⑧单向阀；⑨抽渣管；⑩活塞；⑪导气管；⑫出料通道。

88. 旋流布料沼气池的特点是什么？

①旋流布料沼气池是针对常规水压式沼气池清渣出料困难，产气率低和管理不便等问题，利用沼气产气动力和动态连续发酵工艺，将菌种回流自动破壳与清渣、微生物富集增殖，清除发酵盲区和料液“短路”等新技术组装配套，实现高效运行的一种新的沼气池型。②旋流布料墙是旋流布料沼气池实现发酵原料旋转流动、自动破壳和滞留菌种的重要装置，用砖在密封好的发酵间内筑砌而成。为保证旋流布料墙的稳定性，底部50厘米处用12厘米砖砌筑，顶部用6厘米砖十字交叉砌筑，以增强各个水平面的破壳和流动搅拌作用。旋流布料墙半径约为6/5池体净空半径，要严格按设计图尺寸施工，充分利用池底螺旋曲面的作用，使入池原料既能增加流程，又不致堵塞，解决了常规水压沼气池存在的微生物贫乏区、发酵盲区和料液“短路”等技术问题。

89. 旋流布料沼气池有几种形式？

旋流布料沼气池有两种形式：①侧水压式旋流布料沼气池，②顶水压式旋流布料沼气池。

90. 什么是旋流布料墙？

旋流布料墙是实现发酵原料旋转流动、自动破壳、自动循环和滞留菌种的重要装置，用砖在密封好的发酵间内筑砌而成。

91. 旋流布料沼气池内的弧旋流布料墙有哪些作用?

①消盲除短。在螺旋面池底上用一圆弧形旋流布料墙将进、出料隔断，使入池原料必须沿圆周旋转一圈后，才能从出料通道排出，从而增加了料液在池内的流程和滞留时间，解决了标准水压式沼气池存在的微生物贫乏区、发酵盲区和料液“短路”等技术问题。②微生物成膜增殖。利用孔隙率较高的旋流布料墙表面形成微生物生长繁殖的载体，通过沼气微生物的富集增殖，在其表面形成厌氧生物膜，从而保留了高活性的微生物，减少了微生物的流失。③自动破壳。圆弧形旋流布料墙顶部和各层面的破壳齿在沼气池产气用气时，使可能形成的结壳自动破除、浸润，充分发酵产气。

92. 建造弧旋流布料墙的技术要点是什么?

①为保证旋流布料墙的稳定性，底部 50 厘米处用 12 厘米砖砌筑，顶部用 6 厘米砖十字交叉砌筑，以增强各个水平面的破壳和流动搅拌作用。②旋流布料墙半径约为 6/5 池体净空半径，要严格按设计图尺寸施工，充分利用池底螺旋曲面的作用，使入池原料既能增加流程，又不致阻塞。

93. 为什么说农村户用沼气池宜推广应用旋流布料沼气池?

旋流布料沼气池是针对常规水压式沼气池清渣出料困难、产气率低和管理不便等问题，利用沼气产气动力和动态连续发酵工艺，将菌种回流、自动破壳与清渣、微生物富集增殖、消除发酵盲区和料液“短路”等新技术组装配套，实现高效运行的一种新型沼气池。其中，旋流布料墙是旋流布料沼气池实现发酵原料旋转流动、自动破壳和滞留菌种的重要装置。目前在全国广大农村沼气发酵主要以畜禽粪便为主要原料，宜选择应用旋流布料沼气池型。

94. 什么是曲流布料沼气池？

曲流布料沼气池是在水压式沼气池基础上发展而来的，形状为圆柱形，发酵原料通过带有检料板的进料口进入沼气池，长纤维状原料及砖石颗粒被滤出，然后原料通过曲流布料器（一水泥挡板，因改变了料液流向，故称为曲流布料器）均匀分布于池内。池顶设置破壳装置，有利于池内产气，用气时液面波动破除结壳。池底为斜坡底，发酵后的沼渣通过坡底流向出料口。出料口加一塞流固菌板（一水泥挡板，起阻塞作用），阻止了原料“短路”排出，同时又起到固定及截留菌种的作用。

95. 曲流布料沼气池由哪几部分组成？

①调节加料口，②自流进料口，③活动盖，④导气管，⑤水压间，⑥溢料口，⑦检料器，⑧自动搅拌、固菌装置，⑨布料器，⑩塞流固菌板。

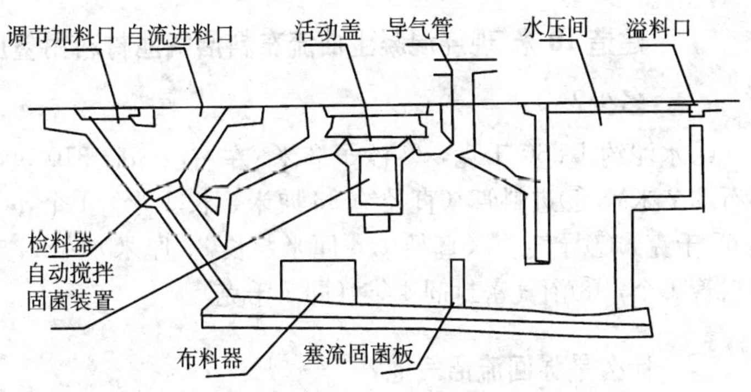

图9　曲流布料水压式沼气池剖面图

96. 曲流布料沼气池的特点是什么？

曲流布料沼气池是在水压式沼气池基础上发展而来的，属于高效沼气池之一。主要适用于以纯粪便为原料的连续或半连续发酵工艺。由于使用管理操作方便，因而被广大农户所采用。曲流布料沼气池为圆柱形，其流程是：原料通过带有检料板的进料口进入沼气池，长纤维状原料及砖石颗粒被滤出，然后原料通过曲流布料器（一水泥挡板，因改变了料液流向，故称为曲流布料器）均匀分布于池内。池顶设置破壳装置，有利于池内产气，用气时液面波动破除结壳。池底为斜坡底，发酵后的沼渣通过坡底流向出料口。出料口加一塞流固菌板（一水泥挡板，起阻塞作用），阻止了原料“短路”排出，同时又起到固定及截留菌种的作用。

97. 建造8米^{3}现浇混凝土曲流布料沼气池材料用量应是多少？

①水泥约1 500千克，②沙子2.5米^3，③砖260块，④碎石2.5米^3，⑤进料管（直径约30厘米、长1米）1个，⑥钢筋50千克，⑦导气管（直径1.6厘米、长30厘米）为ASN工程塑料管1个，⑧沼气密封剂3袋即1.5千克。

98. 建造10米^{3}现浇混凝土曲流布料沼气池材料用量应是多少？

①水泥约1 860千克，②沙子3米^{3}左右，③砖310块，④碎石3.2米^3，⑤进料管（直径约30厘米、长1米）1个，⑥钢筋65千克，⑦导气管（直径1.6厘米、长30厘米）ASN工程塑料管1个，⑧沼气密封剂4袋（即2千克）。

99. 什么是强回流沼气池？

强回流沼气池是在水压式沼气池基础上，将水压箱改为顶置式半环形或长方形水压酸化池，实行粪草两相分离和连续式发酵，增设出料管，并与厕所和猪舍有机结合，使沼气池的发酵原料分解率、利用率得到提高。

100. 强回流沼气池由哪几部分组成？

①水压酸化池，②发酵主池，③储气箱，④进料管，⑤出料管，⑥活动盖，⑦回流冲刷管，⑧限压回流管，⑨贮水圈，⑩导气管，⑪出肥间。

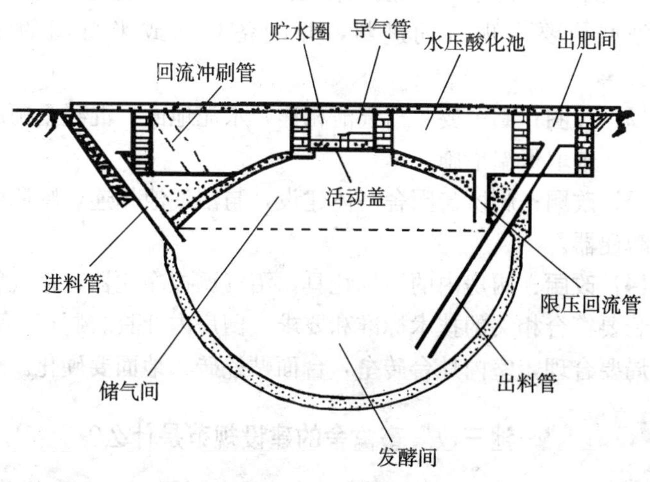

图 10　强回流沼气池结构示意图

101. 强回流沼气池的特点是什么？

强回流沼气池是在水压式沼气池工艺基础上改进设计的一种小型高效沼气池。其特点是：①美观卫生。强回流沼气池不需要专门场地，能充分利用空间和池址。猪圈、厕所与沼气池立体组合，结构合理，坚固、外形美观。②产气率高。强回流沼气池在产气用气、进出料和冲刷回流管冲厕过程中都自动实现搅拌，使沼气池能经常处于最佳工作状态。③管理方便。建池户每天不再需要抽出时间进行搅拌和进料，通过出料，可随时把料液，池底沉渣抽出，解决了用肥与用气的矛盾。

102. 什么是“一池三改”？“一池三改”的基本要求是什么？

“一池”即沼气池，“三改”即改圈、改厕、改厨。

（1）沼气池：建设容积为8米^{3}左右，重点推广“常规水压型”“曲流布料型”，“强回流型”、“旋流布料型”等池型，每种池型均要实现自动进料，并配备自动或半自动的出料装置。

（2）改圈：圈舍要与沼气池相连，水泥地面，混凝土预制板圈顶，并采取保温措施。

（3）改厕：厕所与圈舍一体建设，与沼气池相连。厕所内要安装蹲便器。

（4）改厨：厨房内的沼气灶具、沼气调控净化器、输气管道等安装要符合相关的技术标准和要求。橱房内灶具、厨柜、水池等布局要合理，室内灶台砖垒，台面贴瓷砖，地面要硬化。

103. “一池三改”畜禽舍的建设规范是什么？

①畜禽舍面积不小于6米^2，养殖量存栏不少于3头猪单位。②根据地域温度不同，畜禽舍采用12厘米×37厘米的保温复合砖墙，后墙不低于2.1米，水泥抹面。③畜禽舍顶采用混凝土预制板或机瓦复合圈顶建造，可建平顶或坡顶。坡顶的后仰角12°，前坡最小采光角大于35°。④畜禽舍地面高出自然地面10厘米，用标号150号的混凝土现浇，厚度6～10厘米，以3%的坡降向进料口倾斜，使畜禽粪尿能自动流入沼气池。应考虑下雨出水要求，设溢水口，使雨水不能流入进料口。⑤鼓励使用沼液冲圈装置。⑥畜禽舍要做到冬暖夏凉，通风、干燥、明亮。

104. “一池三改”厕所的建设规范是什么？

①厕所面积不小于2米^2。②厕所紧靠沼气池进料口，蹲位

地面高于畜禽舍地面 20 厘米以上。③墙体砖砌，水泥抹面，有条件的贴瓷砖；地面用标号 150 号的混凝土现浇，有条件的贴防滑地板砖。④安装蹲便器、照明及通风设备。有条件的安装沼液冲厕所设备。

105. “一池三改”厨房的建设规范是什么？

①厨房应通风明亮，管道、调控净化器、灶台等布局合理。②厨房内应设固定灶台，灶台砖垒，水泥抹面，台面贴瓷砖，地面要硬化，墙面要刷白。③灶台长度大于 150 厘米，宽度大于 60 厘米，高度 65 厘米左右；沼气调控净化器横向偏离灶台 50 厘米，距室内地面为 1.5 米以上，距电线、烟囱等要超过 1 米。

106. 什么是“四位一体”能源生态模式？特点是什么？

“四位一体”能源生态模式包括一个太阳能猪舍、一个建在太阳能猪舍下的水压式沼气池、一个与沼气池相连的厕所、一个与猪舍和沼气池相连的日光温室（沼气池水压间就位于日光温室内）。由于它是由 4 部分组成的，所以又简称为“四位一体”能源生态模式。

“四位一体”是我国北方发展沼气的一种成功模式。其特点是：①利用温室有效地解决了沼气池越冬和产气问题；②为生猪冬季生长创造了良好的环境，提高出栏率；③猪粪便和人粪便进入沼气池，产生沼气供多方面综合利用，沼渣、沼液为温室种植的蔬菜等作物提供优质有机肥；④猪呼出的二氧化碳和点燃沼气灯产生的二氧化碳可提高温室内二氧化碳浓度，提高作物产量。因此，“四位一体”模式形成了完整的生态系统，既产生了显著的经济效益，又促进了北方地区沼气的大发展。

107. 建造“四位一体”能源生态模式有哪些好处？

它的好处是：①人、畜粪便能自动流入沼气池，有利于粪便管理。②猪圈设置在太阳能温室内，冬季使圈舍温度提高4～6℃，为生猪提供适宜的生长条件，缩短了生猪育肥期。③猪圈下的沼气池由于太阳能温室而增温、保温，解决了北方地区在寒冷冬季产气难、产气慢等问题，年总产气量与无太阳能温室的沼气池相比提高30%左右。④高效有机肥（沼肥）增加40%以上，猪呼出的二氧化碳使温室内二氧化碳的浓度提高，有助于日光温室内蔬菜的生长，既增产又优质且无公害。

108. “四位一体”能源生态模式的结构如何？

①“四位一体”能源生态模式（以下简称“四位一体”）以日光温室为依托，依据日光温室面积大小，通常在工作间进口处建猪舍，其地下建沼气池，同步发展种植业和养殖业。一般1亩地日光温室建造容积8～15米^{3}沼气池；12～20米^{2}左右的全封闭单栋猪舍；猪舍内山墙上70厘米、160厘米处各留24厘米^{2}的气体交换孔。②日光温室单栋长度以80～100米为宜，跨度应在6～7米为宜，后墙高度不宜低于1.6米，屋脊高度在2.4米以上，走廊跨度0.8米左右。墙体厚度在0.5米以上。③沼气池结构：沼气池应建在日光温室入口处，位于日光温室南北中心线上。主池选用圆柱池身，正削球拱形池顶。池底进料口向出料口5%倾斜。进料管在池体中下部斜插，进料管与池壁交角为30°，出料间位于池体一侧与池体相连；出料间设有踏步，以方便施工上下和出料。④猪舍位于沼气池的上面，紧靠工作预备间一侧，猪舍地面高出自然地面20厘米，水泥混凝土浇筑抹平，形成北高南低坡降，降势为5%同时在距离南棚脚1.5米外山墙1米处建一个溢水槽。⑤厕所位于猪舍与内山墙相隔处，面积1米^2。⑥厨房位于日光温室一端看护房内，面积12米^{2}左右。

109. “四位一体”能源生态模式的建设原则是什么？

为了使“四位一体”模式在生产、生活、环境等方面发挥重要作用，并使经营者收到效益，应遵守以下原则建设。①坚持综合建设。建设“四位一体”是一次性投资较大的项目，应全面考虑，统筹安排，做到结构先进合理。②模式的空间布局要主体配套，生产周期要长短结合，种植品种选择要做到人无我有，人有我优，经营管理环环紧扣，随机应变。③模式建造必须按设计标准进行施工，施工人员在取得国家“沼气生产工”职业资格证书后方可上岗。④建筑材料特别是砌筑沼气池的材料必须达到质量要求。施工后要进行质量检查验收，保证建一处、合格一处、投入正常使用一处。

110. 两栋“四位一体”日光温室之间的距离如何确定?

对前后两栋“四位一体”温室之间距离应科学规划。如果前后两栋之间的距离过近，在冬至前后太阳高度角低时，前一栋模式会对后一栋模式造成遮光。因此，在建造时，应该十分注意前后栋的间距。确定间距，应以冬至日 10 时前排模式不对后排模式产生遮光为准，并保证后排模式在冬至前后日照最短的季节里，每天也能保持 6 小时以上的光照。

111. 为什么建“四位一体”时要首先建沼气池?

因为沼气池是在畜禽舍地面以下，在施工中将有大量的土方要放在日光温室的地面上，如果是先建猪舍或者日光温室，放土方或施工场地小，将影响施工。另一方面沼气池的进料口、进料管、输气管和日光温室的内山墙等设施，都要建在畜禽舍内，只有建完沼气池才能建地面的设施，以便沼气池与畜禽舍、厕所衔接和配套。

112. 为什么说沼气池型是“四位一体”模式的关键问题?

沼气池的池型是“四位一体”模式的核心部分，技术性强，质量标准要求高，设计应严密合理，否则直接影响到模式整体效益的发挥。为此，首先要做好建池的选型、设计与规划工作，以防盲目施工造成损失浪费。

113. 在“四位一体”的施工中必须坚持哪些设计原则？

①技术先进，结构合理，经济耐用，便于推广。②在满足模式生产和发酵工艺要求的前提下，兼顾肥料、环境卫生和种植业、养殖业和管理，充分发挥沼气池的综合效益。③因地制宜，就地取材，池型达到标准化。④坚持四结合，即沼气池与畜禽舍、厕所、日光温室相连接、人畜粪便直接进入沼气池，有利于粪便管理，改善环境卫生，种植业能直接利用无公害的沼肥。

114. 建“四位一体”一般选择什么类型的沼气池？

“四位一体”模式一般采用底层出料水压式沼气池，也可以选用其他的优化池型。例如，曲流布料沼气池、旋流布料沼气池等。在施工中要在模式总体放线时确定沼气池位置。

115. 建“四位一体”的地点如何确定？

建“四位一体”模式的目的是为了生产沼气、饲养畜禽、在寒冷的季节生产蔬菜等。为了创造适宜的环境，所建的模式必须能最大限度地利用太阳能，增加模式内的温度、光照。为此，“四位一体”模式的建造地点可以在房前、屋后或田园，选择宽敞、背风向阳、没有树木或高大建筑物遮光的地方作为建造场地。

116. “四位一体”的建造方位如何确定？

为了使“四位一体”模式前屋面能够在冬季得到充足的光照以提高室温，它的建造方位应该坐北朝南，东西延长，这样有利于前屋面接受太阳光。“四位一体”模式的方位角可以偏东或偏西，但不宜超过 10°。南偏东 5°时，可以使温室的温度早升高，有利于作物光合作用，但是在北纬 40°以北地区，冬季早晨外界气温很低，提早揭开草苫会使室内温度下降，所以在北纬 40°以北地区，由于揭草苫晚以南偏西 5°～7°比较好。

117. 在确定“四位一体”模式的各部分结构时应注意哪些问题？

（1）畜禽舍必须设在模式总体平面的西侧、东侧或北侧。这是因为畜禽、蔬菜对温度、湿度、光照和生产管理等多方面要求的差别很大，如果把畜禽舍建在模式总体平面的中间，不但影响蔬菜生长也影响畜禽的发育。

（2）沼气池建在畜禽舍地面下，便于进料和日常管理。

（3）沼气池的出料口，一定要设在日光温室种植区内，主要是方便出肥和给作物施肥。

（4）设定沼气发酵间池中心在模式总体宽度的中心线上，其目的是为了保持沼气池的温度，经测试冬季气候最冷时，模式四周外围均在 0℃以下，温度会不断横向向舍外传导，其中距北墙、山墙、南温棚脚 1 米内的温度下降幅度更大。因此，只有把沼气池的中心定在距外部冻层较远的中心线上，才能保持沼气池池温，以保证正常产气。

118. “四位一体”模式的施工顺序是什么？

施工顺序是：先建沼气池而后建畜禽舍、厕所、最后建日光温室。因为沼气池是在畜禽舍地面以下，在施工中将有大量的土方要放在日光温室的地面上，如果是先建猪舍或日光温室，放土方或施工场地小将影响施工。另一方面沼气池的进料口、进料管、输气管和日光温室的内山墙等设施都要建在畜禽舍内，只有建完沼气池才能建地面的设施，以便沼气池与畜禽舍、厕所衔接和配套。

119. 为什么说沼肥施用于蔬菜具有很高的增产、增收效果?

沼肥是一种优质高效、无污染的有机肥料，在“四位一体”蔬菜生产模式中，可用做基肥、追肥、叶面肥和二氧化碳气肥，可使叶菜类提高产量30%左右，果菜类提高产量20%左右，年可收获两茬以上，提高了单位面积内复种指数，每亩年均纯收入万元以上。

120. “四位一体”日光温室内应注意的安全事项有哪些?

①种植区与养殖区应严格间隔密封，防止养殖区内粪便放出的氨气、沼气进入种植区烧伤农作物。②种植区内应经常检查输气管道、开关是否漏气，防止沼气泄漏危害农作物。③温室内沼气灯距棚顶应不少于0.5米，防止烧坏覆盖的塑料薄膜发生火灾。④沼液追肥应对水稀释，一般对水比例为1∶2或1∶3，或随浇水冲施，防止烧伤植物根系。⑤沼液用于叶面喷施的稀释倍数应根据浓度而定，一般较稀时1∶1对水，浓度高时按1∶2对水。还要区分沼气发酵原料是以秸秆为主，还是以人畜粪便为主。秸秆为主的发酵沼液可按1∶1加水稀释，以人畜粪便为主的发酵沼液按1∶2或1∶3加水稀释。⑥温室内蔬菜追施沼肥或叶面喷施，应在午后放风时使用。这样可把沼液中释放出来的氨气和臭味排出室外，以防烧伤蔬菜茎叶。⑦养殖区内应根据畜禽所需适宜温度及时放风和保温，并及时放风排除室内氨气和泄漏的沼气。

121. 在“四位一体”模式中猪舍的结构为什么要严格按照设计图纸施工建造?

猪舍的结构是模式建设三大重要组成部分之一，是循环利用不可缺少的设施。建筑猪舍时要考虑与沼气池、日光温室优化组合配套，既要考虑猪舍冬季的保温、增温，又要考虑夏季的通风、降温，还要把采食、排便、活动和趴卧分开，创造一年四季都能适宜生长发育的良好环境，所以在施工中要严格按照设计图纸施工。

122. 在“四位一体”模式中猪舍什么时候建造为宜？

猪舍位于沼气池的上面日光温室的一端，施工顺序是先建沼气池，待池体达到养护期后即可开始建筑猪舍，猪舍场地的选择及走向、朝向、后墙、山墙、高度和跨度等是与温室设计相一致的。

123. 在“四位一体”模式中猪舍结构由几部分组成？是如何设计规划的？

①圈舍后墙高要和日光温室相一致，脊高要和日光温室相一致，南北跨度也要和日光温室相一致，一般跨度6.0～7.0米，东西长度依养猪规模而定，其东西长度不得小于4米。②前坡舍

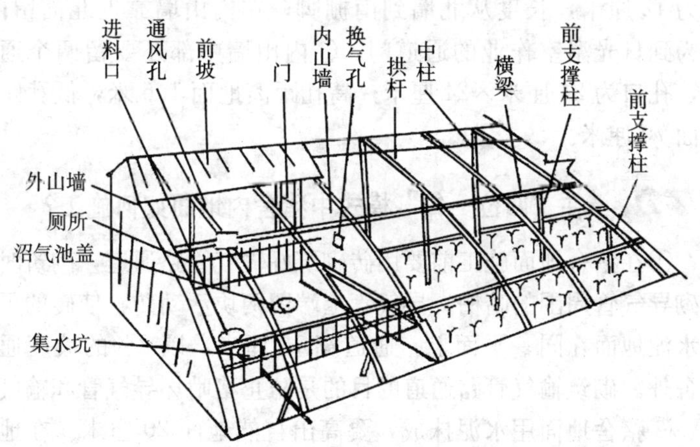

图11 北方“四位一体”能源生态模式猪舍平面结构示意图

顶与模式南棚脚用竹片搭成拱形棚架，其弧度要和日光温室支架相一致。③冬季覆盖棚膜与日光温室棚膜相连接。④猪舍南墙距棚脚0.7～1.0米建0.8米高的围墙或铁栏，在靠近北面后墙留0.8～1.0米宽的人行道，猪床与人行道间的隔墙高0.8米，栏要开一小口，下边设饲槽，猪床前低后高，坡度8°～10°，在后墙上留出小门，门高1.7米，宽0.7米，以便到温室或猪舍作业，在猪舍后墙中央距地面1.3米留有高40厘米、宽30厘米的通风窗，以便夏季猪舍通风，深秋时用泥堵封好。

124. 在“四位一体”模式中砌筑猪舍内山墙的目的是什么？如何砌筑？

砌筑内山墙的目的是为了保证猪、菜在生产过程中有个适宜的环境，便于温度、湿度及有害气体的调控；也便于生产管理。

①日光温室与猪舍之间必须砌筑12厘米厚的内山墙与日光温室相隔，顶部高度要与日光温室拱形竹片支架相一致。②内山墙地基用砖或石材砌筑，厚24厘米，高70厘米；70厘米以上厚为12厘米，长度从北墙到南棚脚；在内山墙靠近北面留门，作为到日光温室作业的通道门。③内山墙中部还要留两个通气孔，孔口为24厘米×24厘米；高孔距离地面1.6米，低孔距离地面70厘米。

125. 在“四位一体”模式中猪舍内地面如何施工？

①在猪舍地面施工前要用砖砌筑好输气管路通道，砌筑时首先砌导气管周围的暗槽，导气管上端留两块活动砖，使砖的平面与水泥地面在同一平面上。通道宽12厘米，以2%的坡度通向猪舍外。砌筑输气管路通道的目的是防止猪啃坏导气管和输气管路。②猪舍地面用水泥抹成，要高出自然地面20厘米。在地面上距离南棚脚1.5～2米，距外山墙1米处建一个长40厘米、宽

30厘米、深10厘米的溢水槽兼集粪槽。猪舍地面要抹成2%的坡度，坡向溢水槽，溢水槽南端留有溢水通道直通棚外。③沼气池的进料口顶部要高出猪舍地面2厘米，顶口用钢筋做成箅子，之间的距离以能进入发酵原料为准。沼气池顶部的贮水槽要高出舍面10厘米。猪舍地面完工后要注意养护。

126. “四位一体”能源生态模式对日光温室有哪些具体要求？

日光温室要按照结构合理、光照充足、保温效果好、抗风、抗雪压的要求设计。温室采用竹木或预制件做骨架，土或砖做围墙，温室长度一般为100米，温室跨度为6～7米，温室后墙高度一般为1.8米左右。中柱矢高为2.4米左右，墙体厚度80～100厘米，如采用土墙厚度为100厘米。在前坡拱脚20厘米处，挖深50厘米、宽40厘米的防寒沟，沟内塞满麦秸等。采光面覆盖材料采用透光性能好、强度高、抗老化的无滴塑料膜。

127. “四位一体”能源生态模式内山墙上的换气孔起什么作用？

日光温室与猪舍之间山墙上的换气孔有两方面的作用。一是交换气体，即通过换气孔使猪呼出的二氧化碳和温室内植物呼出的氧气进行交换；二是交换热量，在晚上气温下降时通过换气孔使猪体释放的热量进入日光温室，从而提高温室的温度。

128. 什么是南方“三位一体”模式？

南方“三位一体”模式是以农户庭园为基本单元，利用房前屋后的山地、庭院等场地建成的生态农业模式。主要建造畜禽舍、沼气池、果园三部分，同时使沼气池建设与畜禽舍和厕所三结合，形成养殖—沼气—种植三位一体庭园经济格局，达到生态良性循环，农民增产增收的目的。

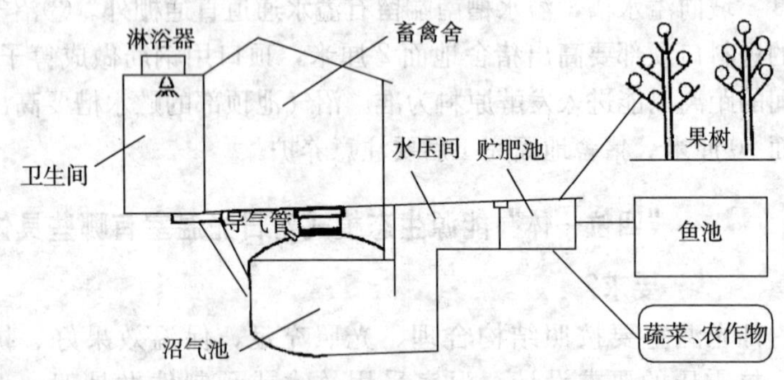

图 12 南方“三位一体”能源生态模式示意图

129. 南方“三位一体”模式的特点是什么？

特点：在果园内建猪圈和沼气池，猪粪进入沼气池制沼气，产生的沼气可解决生活燃料，沼液、沼肥用于种果树和蔬菜兼作病虫害防治剂发展绿色食品。

130. 南方“三位一体”模式的基本要素及基本运作方式是什么？

（1）基本要素：户建一口沼气池，人均年出栏 3 头猪，人均种好 1 亩果。

（2）基本运作方式：沼气用于农户日常做饭、点灯，沼肥用于果树或其他农作物，沼液用于鱼塘和饲料添加剂喂养生猪，果园套种蔬菜和饲料作物，满足庭园畜禽养殖饲料需求。一般按户建一口 8～15 米^3 沼气池，常年存栏 5～8 头猪，种 2 700 米^2 果树的规模进行组合配套。

131. 南方“三位一体”模式建设主要包括哪些内容？

主要包括：猪舍、沼气池和果园三部分。

132. 在南方"三位一体"模式中对猪舍的建造有哪些要求?

猪舍建筑要与沼气池、厕所相结合，做到冬暖、夏凉、通风、明亮、干燥、空气新鲜。

133. 在南方"三位一体"模式中猪舍的地址选择有哪些要求?

①选在果园或其他经济作物生产基地内或旁边。②选择不积水、向阳的缓坡，使猪舍阳光充足、地势高燥，利于冬季保温。③选择有充足水量、水质良好、便于取用和进行卫生防疫的水源，以及土质结实和渗水性强的沙质土壤处建猪舍。④要便于日常管理。

134. 在南方"三位一体"模式中如何规划设计猪舍?

(1) 猪舍地址选定后，必须根据有利于防疫、改善场地小气候、方便饲养管理、节约用地的原则，并考虑当地气候、风向、场地的地形地势、猪舍设施的尺寸以及与沼气池、厕所结合等因素，做好建筑规划并绘出总施工图，以便施工人员严格按照图纸施工。

(2) 模式的合理布局在于正确安排猪舍的位置、朝向、间距。猪舍的朝向关系到猪舍的通风、采光和排污效果。猪舍一般为长方形，朝向一般为坐北朝南，偏东12°左右，猪舍之间的距离，应以能满足光照、通风、卫生防疫和防火的要求为原则，不要过大，也不宜过小，一般南向的猪舍间距离可为猪舍屋檐高的3倍。

135. 在南方"三位一体"模式中猪舍的模式应该如何确定?

猪舍的模式要依据养猪的规模、性质来确定。但是，要因地制宜，就地取材，做到持久耐用和适用。按猪舍建筑的材料类型，可分为砖瓦水泥结构和片石泥土结构等。从发展来看，必须采取砖瓦水泥结构，虽然造价高一些，但经久耐用，卫生条件也较好。

136. 在南方“三位一体”模式中猪舍的设备应该如何建筑？

（1）猪床的地势至少要高于沼气池水平面 20 厘米以上。猪床面积要适宜。一头妊娠、哺乳母猪 6 米^2，公猪 11 米^2，断乳仔猪 0.8 米^2，肥育猪 2.5 米^2。按这个标准确定猪床面积和养猪头数。猪床地面有硬地面和软地面两种。硬地面一般用混凝土现浇而成，并向粪尿沟方向有一定坡度，便于清扫、冲洗，使猪粪、尿直接流入沼气池。软地面系泥土地，不宜在模式中推广。

（2）猪舍栅门用钢筋或木条制作，以宽度 60 厘米、高 90～120 厘米为宜，并向内侧开放。猪舍的窗口直接影响保温和通风，应该根据猪床面积来确定，但是，南窗比北窗口设置多些，一般窗口宽 1.2 米，高 1.0 米，距地面以 0.9～1.0 米为宜。

（3）运动场地是供给生猪排粪、尿和活动的场所，每头成年猪的运动场地面积不得少于 2 米^2，一角设置饲槽和饮水槽，以便于采食、加料和清槽。在舍内外建好粪尿沟和冲洗污水的沟道，沟道宽 15 厘米，深 10 厘米，沟底呈半圆形，有 3%～4% 的坡度，方便污水、粪尿流通，以便保持舍内干燥。

137. 建造南方“三位一体”模式时如何实施？

以“猪—沼—果”模式为例：四口之家建一个 8～15 米^3 的沼气池，2 米^2 厕所和 15 米^2 左右的猪舍，一年饲养 5～8 头猪，种植果园 2 700 米^2，果园内套种蔬菜和饲料作物，以满足畜禽养殖饲料要求效果最佳。

138. 什么是西北旱区“五配套”沼气生态模式？其特点是什么？

旱区“五配套”沼气生态模式是从我国旱区的实际出发，依据生态学、经济学、系统工程学原理，从有利于农业生态系统物质和能量的转换与平衡出发，充分发挥系统内的动、植物与光、热、气、水、土等环境因素的作用，建立起生物种群互惠共生、相互促进、协调发展的能源—生态—经济良性循环发展系统，高效率利用农民所拥有的土地资源和劳动力资源，引导农民脱贫致富，创造良好的生态环境，带动农村经济可持续发展的一种技术模式。

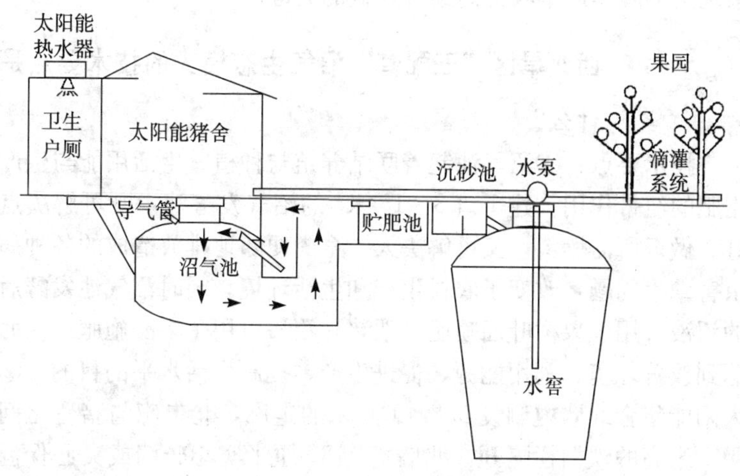

图 13 西北旱区“五配套”沼气生态模式示意图

①该模式以农户土地资源为基础，以太阳能为动力，以新型高效沼气池为纽带，形成以农带牧、以牧促沼、以沼促果、果牧结合配套发展的良性循环体系。②模式要素是以 5 亩左右的成龄果园为基本生产单元，在果园或农户住宅前后配套一口 8～15

米^3 的新型沼气池，一座 12～20 米^2 的太阳能猪圈，一眼 60 米^3 的水窖及配套的集雨场，一套果园节水滴灌系统。模式实行厕所、沼气池、太阳能猪舍、水窖、果园五配套，圈下建沼气池，池上搞养殖多种经营效果倍增。

139. 西北旱区“五配套”沼气生态模式由几部分组成？特点是什么？

模式一般由厕所、沼气池、太阳能猪舍、水窖、果园等组成。

特点：①沼气池是模式的核心部件；②太阳能猪舍是果牧结合的前提条件；③集水系统是保障模式正常运行的基础；④滴灌系统是果园丰产丰收提高经济效益的关键。

140. 西北旱区“五配套”沼气生态模式的技术要点是什么？

技术要点：①沼气池起着联结养殖与种植、生活用能与生产用肥的纽带作用。建 1 口 8～15 米^3 的沼气发酵池，既可解决点灯、做饭所需燃料，又可解决人、畜粪便随地排放造成的各种病虫害孳生问题，改变了农村生产和生活环境。同时沼气池发酵后的沼液可用于果树叶面喷肥、喂猪，沼渣可用于果园施肥，从而达到改善环境、利用能源、促进生产、提高生活水平的目的。②太阳能猪舍北墙内侧设 0.8～1.0 米的走廊，北走廊与猪舍之间用 1 米高的铁栅栏隔开。北墙宽为 37 厘米实心砖墙或夹心保温墙，墙高 1.8 米，在其中部 1.2 米高处设 0.3 米×0.6 米的通风窗，东、西、南三面为 24 厘米砖墙，南墙高 1 米，东、西墙上部形状和骨架形状一致。③水窖按 60 米^3 设计，采用拱形窖顶、圆台形窖体的水窖结构，能保证水窖窖体在蓄水和空置时都能保持相对稳定。水窖在每年 5～9 月收集自然降水，加上循环多次用水再蓄水，年可蓄集自然降水 120～180 米^3。④滴灌是将水窖中蓄积的雨水通过水泵增压提水，经输水管道输送分配到滴灌管滴头。结合灌水可使沼气发酵系统产生的沼液随灌水施入果树根部，使果树根系区经常保持适宜的水分和养分。

141. 西北旱区“五配套”沼气生态模式的投资需要多少？

“五配套”生态模式需要投资约 13 200 元。其中，建设 8 米^3 的沼气池约 1 800 元，12 米^2 的太阳能猪舍约 2 200 元，60 米^3 的水窖及配套的集雨场约 1 900 元，果园节水滴灌系统约 1 700元，果园投入约 5 600 元。

142. 西北旱区“五配套”沼气生态模式的效益收入是多少？

（1）养猪效益：利用太阳能猪舍养猪，加之沼液养猪技术的应用，可节省饲料 20～30 千克，提早出栏 20～30 天，每头猪增收节支 200 元以上。

（2）节肥、增收效益：沼液、沼渣在果树上的应用，可节约有机肥料等生产费用 2 600 多元，且果品质量好，商品率由 65% 提高到 90%以上，可增加 2 600 千克左右的商品果，增收 3 100 元左右。

（3）节能效益：使用沼气做饭、照明可节煤 800～1 000 千克，折合人民币约 780 元以上。实施旱区“五配套”沼气生态模式，整个系统年增收，节支可达 6 900 以上，投资回收期 2 年左右。

143. 什么是“二池三改”沼气生态模式？

“二池三改”生态模式是根据农户家庭圈养牛、羊的现状，充分利用农村现有的秸秆，如玉米秆、麦秆、稻草等农作物秸秆，将青贮氨化池、沼气池与改圈、改厕和改厨同步建设，农作物秸秆经青贮氨化池处理后，可作为饲料喂养牛羊，人、畜粪便可以直接进入沼气池内发酵，产生沼气用于农户炊事、照明，沼渣、沼液施于农田。这样既有效地解决了一直困扰人们的农作物秸秆随意焚烧问题，又为牲畜提供了饲料来源，提高了秸秆的利用价值，同时通过沼气建设拉长了生物链条，形成以沼气为纽带的良性循环生态系统，使各链条间的能量流动更趋合理。

144. “二池三改”生态模式一般由哪几部分组成？

“二池三改”生态模式主要由青贮氨化池、沼气池、牛（羊）圈舍、厕所、厨房等组成。

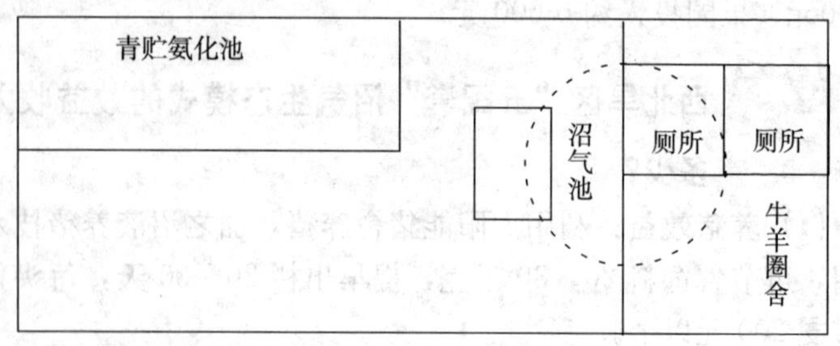

图 14 “二池三改”生态模式结构示意图

145. “二池三改”生态模式的技术要求是什么？

（1）沼气池位于牛（羊）圈舍、厕所下面，在牛（羊）圈舍一旁建一个青贮池，用来青贮氨化饲料，人、畜粪便直接进入沼气池。

（2）一户 3～4 口人，一般养牛 1～2 头，建池以 8～12 米^{3}为宜。1 头牛年吃草料 2 500～3 000 千克，需建池 10 米^3。厕所占地 2 米^2。牛舍：2 头牛占地 3.5 米×4 米。

146. “二池三改”沼气生态模式是如何进行良性循环的？

沼气池位于牛（羊）圈舍、厕所下面，在牛（羊）圈舍一旁建一个青贮池，用来青贮氨化饲料，人、畜粪便直接进入沼气池。产生的沼气可以做饭、照明，沼肥可以综合利用还原农田，发展农业生产，产生的秸秆可以青贮饲养牛、羊等。

147. “二池三改”沼气生态模式的投资需多少?

“二池三改”模式建设约需投资 6 700 元。其中，基本设施投资费用 4 100 元，包括 10 米^3 青贮氨化池建设投资 1 200 元，10 米^3 沼气池综合建设投资 2 000 元，改厨 300 元，改厕所 150 元，改圈舍 450 元。购买 1 头母牛费用 2 600 元。

148. “二池三改”沼气生态模式的效益收入是多少?

(1) 直接经济效益： 1 口 10 米^3 的沼气池 1 年节省燃料、照明支出 780 元，用氨化饲料喂牛，可减少饲料开支 1 300 元。母牛产下 1 头牛犊，按时下行情能卖 2 000 元。这样算来，扣除运行成本投资费用 160 元（氨化饲料按草∶水∶尿素＝100∶50∶3 配比。1 头牛 1 年的氨化饲料中所需尿素 200 千克，费用支出 160 元左右），1 年能使模式户节支增收 3 920 元。

(2) 生态环境效益： 农作物秸秆通过青贮氨化后用作饲料喂牛，人、畜粪便用来制作沼气，沼液、沼渣是优质的有机肥料，施于农田形成良性循环。通过“二池三改”模式的推广，大大减少农药、化肥的使用量，从而避免有害物质在整个生物链中的富集，促进了无公害农产品生产的发展。另外，模式建设可以解决人、畜粪便对周围环境、水源的污染，极大地减少了蚊蝇孳生改善了农村环境卫生状况。模式户使用沼气做饭快捷方便、干净卫生，提高了农民生活质量。

(3) 社会效益： “二池三改”模式的推广应用，极大地调动了农民发展庭院经济的积极性，提高了广大农民科学圈养、生态种植的意识，引导他们从传统农业向生态农业转变；同时，也促进了当地养殖业的发展和无公害农产品的生产，是增加农民收入促进农村地区经济发展的有效途径。

149. 什么是"莲—沼—鱼"沼气生态模式？可达到什么目的？

"莲—沼—鱼"是根据莲藕和鱼均需要水的生物特性，广大群众从实践中总结出来的一种集养鱼、种藕、节水、节肥、节地、休闲、观光、生态为一体的新的生态家园技术模式。

以莲、鱼共养为基础，通过沼肥施用和沼液喷施防病、治虫技术及沼肥养鱼技术的运用，达到降低成本、增加产量、提高经济效益，最终实现莲、鱼双丰收，且使农产品无公害化的目的。

150. "莲—沼—鱼"沼气生态模式的特点是什么？

①莲鱼共养。由于鱼群的存在导致水质浑浊透光性减弱，使杂草难于发芽生长，利用沼肥种植莲藕，不仅提高莲地肥力而且降低了莲的病虫害发生。②沼肥养鱼就是利用沼肥中所含的各种养分，培养浮游生物供底栖生物孳生、摄食，同时沼肥中含有半消化或未消化的饲料，可直接供鱼食用弥补人工饲料的养分不足，提高饲料效率，改善水质环境，充分利用莲藕鱼池生态系统资源，使池塘养鱼达到稳产、高产。③可促进蜉蝣生物的生长繁殖加快鱼的生长速度，缩短养殖周期，减少鱼病提高经济效益。

151. "莲—沼—鱼"沼气生态模式的技术要点是什么？

（1）莲藕鱼池一般呈长方形，每池占地 670 米^2 左右。池藕生长期需肥量极大，所以栽培前一定要施足底肥。一般每池施入沼肥 1 500～2 000 千克，同时配合施一些土杂肥。池子里的土肥厚度一般应达到 0.20～0.26 米，池藕的底肥应占整个施肥量的 90%左右。

（2）池藕的栽培时间一般应在清明前后进行，栽植以前把池子里的土肥踩成稀糊状，接着把藕种一条条的稍微斜插进去。藕种的栽植行距 1.5 米，株距 1.3 米，栽插深度为 70 毫米，每池藕下种量为 300～350 千克。栽植时应注意藕种距池埂 0.70 米宽，不然夯实的池埂会影响池藕的生长，栽植后必须及时灌水，水深 3～8 厘米。

（3）放养鱼苗应在 4 月下旬，鱼种以革胡子鲶鱼为主，鱼耐肥力，耐低氧，且基本无病害，生长迅速，每池放养 800～1 000 尾鱼苗。养鱼要保持水质“肥、活、爽”和投饵施肥“匀、足、好”，沼液和沼渣要轮换交替施用、少施、勤施，水肥每次每池不超过 300 千克，渣肥每亩以不超过 150 千克为宜。沼肥一般 10～15 天施一次。8 月气温高鱼体生长快，需饵量大，浮游生物生长繁殖迅速，养分消耗多，此时追施沼液效果最佳，而且正是莲藕“大吃大喝”的时候，可谓相得益彰。

152. “莲—沼—鱼”沼气生态模式亩均投资、效益收入各是多少？

（1）投资：“莲—沼—鱼”沼气生态模式亩均投资共需 14 300元左右。其中建造莲藕鱼池 10 700 元，沼气池 1 800 元，鱼苗 1 000 元，莲藕种 800 元。

（2）效益收入：该模式的经济效益相当可观，沼气池建成后可使用 20 年以上，每亩（池）可产莲藕 3 500～5 000 千克，产鱼 300～400 千克，收入达 14 000 元左右。同时每户年均减少燃料费、电费、洗浴费及肥料、农药等费用 2 600 元，共计收入 16 600元左右。重要的是莲鱼共养、既节约了水资源，又节约了土地资源，实现了水资源和土地资源的高效利用。而且莲鱼共养防风固沙，可有效改善滩涂生态环境，规模发展可筑成河流滩区很好的生态绿化带。

153. 什么是浮罩式塑料沼气池？

浮罩式塑料沼气池池型一般为圆柱形立置，由进料管、主池、浮罩、配重网、组合坐垫、出料管、溢流管、沼肥间组成。主池和浮罩是由30%废旧塑料热注一次成型，主池容积投料量95%，平均产气率0.46米^{3}左右，使用年限3~8年。

154. 浮罩式塑料池的优点是什么?

①密闭性能好。主池和浮罩进、出料管的用料全部是塑料，用热注的方法一次性成型，没有焊接部位。塑料热注固化后，分子间的空隙为零。②方便安装。池的重量轻且占地面积小，挖直径180~200厘米、深160~190厘米的坑即可安装，可以整体搬迁，便于维护。③自动破壳。由于浮罩上下运动，破壳配重网可将主池内的浮料压入水中得到充分的发酵，此池可用牛粪和部分秸秆做发酵料。④进、出料方便。进料可设计成自动进料，沼液自动从溢流管流出，方便沼液、沼渣的综合利用。⑤沼气压力较低，而且稳定。低压恒压供气有利于沼气灶、灯燃烧率提高，节约用气。低压恒压有利于沼气菌的生长和产气。当池内气压大、贮气罩贮满气时，沼气会从水封处跑掉，用气安全可靠。⑥小型高效池。主池也是水封池同浮罩是通体结构，产气时浮罩上升不占主池容积，浮罩式沼气池将水压式沼气池料液来回窜流水压间改为只出不进的溢流管，经常排出旧料液，新鲜原料源源不断地流入池内，发酵浓度可达18%左右。由于浮罩的密闭性能好甲烷分子不能跑掉，使沼气中甲烷分子的含量达65%以上。

155. 浮罩式塑料池生产沼气的流程是什么?

①进料：浮罩式池可大批量进料，也可以连续进料，用秸秆为发酵料最好是批量进料，粪便类可持续进料，同厕所、猪、牛舍等连接要有一定坡度达到自流进料。②出料：可一次性大出料也可定期出料，发酵过后的沼液自动会流入沼肥间。③发酵过程：主池产气时浮罩升高，浮罩上的刻度表表示池中的贮气量，用气时浮罩下降，配重网将浮料或结壳压入水中分解，不用气时

浮罩上升，循环往复地工作，达到了破壳的目的。

156. 沼气建设必须执行哪些国家或行业标准?

沼气建设应执行的标准有：①《农村家用水压式沼气池标准图集》(GB/T4750—2002)；②《农村水压式沼气池质量检查验收标准》(GB/T4751—2002)；③《农村家用水压式沼气池施工操作规程》(GB/T4752—2002)；④《农村家用沼气管路设计规范》(GB/T7636—87)；⑤《农村家用沼气管路施工安装操作规程》(GB/T7637—87)；⑥《农村家用沼气发酵工艺规程》(GB/T9958—88)；⑦《家用沼气灶》(GB/T3606—2001)；⑧《家用沼气灯》(NR/T344—1998)；⑨《沼气生产工国家职业标准》。

157. 建造优质沼气池的基本要求是什么?

①要有一支技术过硬的建池施工队伍；②要选择适宜的建池池址；③根据建池户的不同池址位置、经济状况来选择适宜的池型，设计的图纸几何尺寸要合理，要按图施工；④要正确、合理选择及使用建池材料；⑤选择晴天建池，施工时要迅速、快捷、优质；⑥建成后要按时拆模、保养，使池体结构坚固、耐用。

158. 目前销售各种成套模具的厂价大约是多少?

①钢模具：8 米^3 全套模具约 3 500 元；②玻璃钢模具 2 600元。

159. 什么是沼气池钢模具?

沼气池钢模具一般是由不小于 1.5 毫米厚钢板和 30 毫米×30 毫米标准角钢经加工生产制造而成的。

160. 目前沼气池钢模具的发展现状如何?

随着国家对沼气建设推广力度的不断加大，沼气池钢模具也得到了迅猛发展，在近几年时间内，已经由研发试验阶段发展到广泛推广利用阶段，钢模具的科学性、合理性得到了普遍完善。在实际建池操作中，钢模具建池的优势已完全显示出来，特别是钢模具的安全性和稳定性，都得到了广大模具用户的一致好评。目前全国生产钢模具厂家或加工生产店有数千家。

161. 整体沼气池钢模具一般由几部分组成？

以8米³钢模具为例，钢模具由两大部分组成：即池墙模和池顶模。池墙模主要由16块相互连接的模板组成（池墙模的块数视池体容积而定）；池顶模由16块拱顶模、一块固定圈模、一块天窗口外模和一块天窗口内模及一块天窗口盖模组成；另外还包括出料口模具、进料口模具、涵管模具。

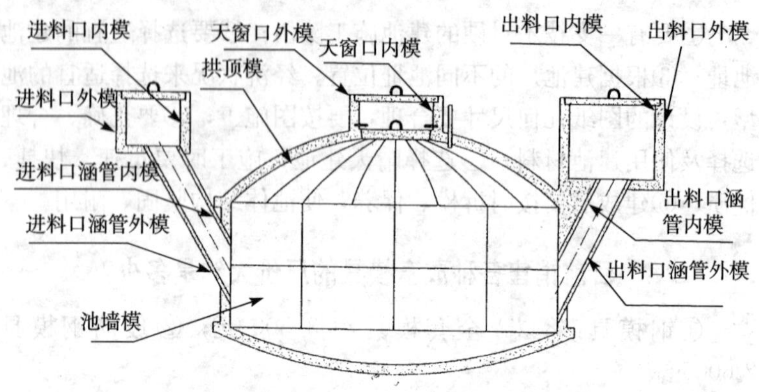

图15　整体沼气池钢模具结构示意图

162. 对生产沼气池钢模具外观的技术要求是什么？

①钢模具表面应平整、无毛刺锐边、无凹陷、无破损裂纹。②油漆涂刷均匀，不得漏涂、脱皮、流淌。③焊缝外形应光滑均匀，不得有漏焊、焊穿、裂纹等缺陷。④不易产生咬肉、夹渣、气孔等缺陷。

163. 对沼气池钢模具装配时的技术要求是什么?

钢模具整体连接应牢固，紧固件连接紧密不得有松动、滑丝等现象。卡扣连接应牢固，不得有松动现象。

164. 对沼气池钢模具强度的技术要求是什么?

在钢模具上加载 180 千克时，钢模具不应产生变形和损坏。

165. 如何检验沼气池钢模具是否符合建池质量要求?

①外观指标由目测检验。②外观尺寸用钢卷尺及其他相应精度的通用量具检验。③装配质量目测检验。④强度试验用 180 千克砝码静放在钢模具固定圈上，卸载后看是否有变形和损坏。

166. 整体沼气池钢模具的优点和缺点是什么?

①组装方便：拱模的各部分之间，各墙模板块之间均可随意调换，不需编号，操作方便。②结构牢固：由于模具采用 1.5 毫米钢板和 30 毫米×30 毫米角钢制造而成，质量可靠，不易变形；且墙模板块之间用卡销固定，使得整体结构牢固，不会产生错位。轻敲退掉卡销，即可卸下模具，方便快捷。③稳固性好：钢模具具有较高的强度和刚度，即使反复使用、反复击打也不会出现变形断裂等影响模具使用的情况。④建池牢固耐用：由于钢模具具有高强度、高钢度的特性，因此建池人员可以使用振动棒等工具，以提高池子的密实性、牢固性和耐用性。⑤主池、进料口、出料口、天窗口、所有盖板均可一次浇注完毕，各部位连接紧密，整池严实、牢固。一般情况下整池浇注只需 6～8 小时，拆除模具只需 2 小时施工速度大大加快。⑥节省材料，降低成本：钢模块连接紧密整体性好，使用振动棒振动浇注时不会漏浆。与砖模、木模相比，一般每池可节省水泥 150 千克左右，节省沙子、石子各 400 千克左右，仅材料费便可节约 300 元左右，

大大降低了建池成本。⑦模具一体化：由于钢材的可塑性较好，可以制成圆形、方形等各种形状，因而为沼气池钢模具实现完全意义上的一体化创造了条件，沼气池的各个组成部分均可以通过钢板制成相应的钢模具。为沼气池的整体浇筑创造了条件，大大地提高了建池效率。⑧使用寿命长，池均成本低：一套钢模可建沼气池 160 口左右，平均每池只需模具使用费 28 元左右。⑨使用报废后，有废旧折价。

整体沼气池钢模具的缺点是：重量重、单池使用成本造价高和搬运不方便。

167. 整体沼气池钢模具的安装使用方法是什么？

以建造 8 米^3 沼气池为例：①根据池户需要选择适当的池容，然后在选好的建池处放线，挖一个适当的池坑。②修整池坑壁，挖出拱顶脚和池墙脚，再在池坑底部浇注 6～10 厘米厚的混凝土。③在底部混凝土凝固之前，根据池容划一适当直径为圆，沿圆周安装下层 8 块池墙模，用卡销固定牢固，放置好进出料涵管。沿池墙模外壁浇注 6～8 厘米厚的混凝土捣实后，再安放上层 8 块池墙模，最后浇注 6～8 厘米厚混凝土并捣实。④用卡销将拱顶模具和固定圈及池墙模连接，再将拱顶模之间靠实并与固定圈和池墙模连接、固定。⑤在拱顶模上浇注 6～8 厘米厚的混凝土并拍实、磨光。⑥把蓄水圈内模和外模套在拱顶模口部，向其内部浇注混凝土制作出天窗口墙壁。⑦修整好进、出料口底部后浇注 6～8 厘米厚混凝土。再放置好进、出料口内模，可利用土壁作外模，然后浇注混凝土。⑧进、出料口盖板和天窗口上、下盖板可就地浇制。⑨按时拆模，气温在 20℃以上 3 天即可拆模。⑩在混凝土上洒水养护沼气池。

168. 使用整体沼气池钢模具时应注意哪些事项？

①钢模具安装好后，在浇注混凝土前，应在外表面撒一层黄

沙或铺牛皮纸、塑料布作隔离层以利于拆模。②钢模拆除后，应将其清理干净，涂抹适当机油以备下次使用。③装拆钢模时不得重锤重撬以免造成模具变形，影响浇注效果。④搬运钢模时，避免剧烈碰撞以防钢模变形。⑤使用不同容积模具时，不得混放以免混淆。⑥搬运、安装、卸模具时，要做好安全工作，杜绝事故发生。

169. 整体沼气池钢模具在运输、贮存过程中应注意哪些问题？

①在运输过程中应加衬垫物，防止损伤。②在贮存期间应保持干燥、通风，防止生锈，堆叠时应限高以防压伤。

170. 玻璃钢沼气池一般都由什么成分组成？

玻璃钢沼气池生产材料主要成分是由不饱和聚酯树脂、胶衣树脂、短切毡、优质玻璃纤维布等材料配合成型。

171. 玻璃钢沼气池的特点是什么？

玻璃钢沼气池的特点是：①玻璃钢沼气池经过多种材料、多道工序复合而成，由于池体内表面采用胶衣树脂，保证了优良可靠的密封性。②由于池体采用的是新型玻璃钢材料使其强度高、重量轻。③由于采用多种复合材料配合而成，使其具有耐腐蚀、耐老化、防渗漏的特征。④可工厂化批量生产，使产品易于标准化、系列化和规范化，有利于稳定质量统一标准。

172. 玻璃钢沼气池一般由几部分组成？

由于目前全国生产玻璃钢沼气池的企业众多，因此，企业根据池型功能生产的体积、形状、类型都有很大差别。其池体组成部分由池体上、下两半部组装成型，并分别设有进、出料口和水压间，上半部设有出渣口。

173. 如何购买玻璃钢沼气池?

目前，玻璃钢沼气池生产企业遍布全国各地，企业有时根据当地的自然环境、气候、地理位置、四季温差、土壤结构等因素，生产出的玻璃钢沼气池的各种技术指标有所不同，因此，沼气池用户在购买玻璃钢沼气池时一定要购买就近企业生产的，以便适宜当地的环境气候，使沼气池安装后尽快产气和产纯气。

174. 玻璃钢沼气池与普通混凝土沼气池相比有什么区别?

玻璃钢沼气池是用多种复合材料制成的，故成型产品强度高、重量轻，仅重 150 千克左右。产品由两个半池组成可叠装。10 米长的车厢可装运 50 套左右，故搬运方便。安装仅需半天时间，经安装密封 1～3 天后即可使用。使用寿命 2～8 年。而普通混凝土沼气池建池时间长，每池约重 5～8 吨左右，使用寿命 20 年以上。

175. 玻璃钢沼气池的优点是什么?

①力学性能好。冬天气温较低时，地面结冻有可能导致混凝土沼气池的损坏，而玻璃钢沼气池具有一定的弹性。②气密性好。采用玻璃钢材料制作的沼气池密封性能好，不易渗水、漏气。③操作方便，易于管理。玻璃钢沼气池可配抽料器，以方便抽出底部沉渣，且使用期间无须做内部维修，故易于操作管理。④尤为适宜地下水位高或地基不好的地区使用。

176. 玻璃钢沼气池的缺点是什么?

玻璃钢沼气池因池壁较薄和池体材料本身的原因，与混凝土现浇水压式沼气池相比，存在池体散热较快，昼夜温差明显，保温性能相对较弱的缺点，故在选择池址时，应在向阳背风的地方。

177. 为什么说玻璃钢沼气池特别适合地下水位高或地基不好的地区使用?

很多地方地下水位高，或为松软性膨胀土，或为湿陷性黄沙土。遇这些特殊地基时，如果采用混凝土建池，不仅建池特别困难，而且在处理池底地基时也麻烦很多，建池用时较长，遇天气、温度有较大变化的情况下可能造成混凝土沼气池因热胀冷缩池体产生裂缝及漏水、漏气等现象，而玻璃钢沼气池就不会有这些现象，因为玻璃钢沼气池池型整体设计合理，不管任何地形和地下水位都能安装并产气使用。

178. 玻璃钢沼气池挖土方时应注意哪些事项?

注意事项：①在选定好的建池处挖坑（请严格按图形尺寸规格挖坑），坑的上口直径可挖大些，以便将玻璃钢沼气池放入坑中。②坑底挖成玻璃钢沼气池底部形状，进料管及水压间根据它的形状和尺寸挖坑。③挖坑时，如遇坑底部有空洞、石块或有部分塌方，应及时采取措施进行处理，夯实。④挖好坑后，应用卷尺复核一下，如有不当之处，应及时修正坑的形状、尺寸。⑤应请专业人员安装玻璃钢沼气池，严禁非专业技术人员组装。

179. 玻璃钢整体沼气池现场安装时应注意哪些问题?

现场安装时应注意以下几点：①放池前，坑底部应力求平整，不得有石块等硬物，并放一层 30～50 毫米厚的松土，浇一些水。②组装好的玻璃钢沼气池平稳放入坑中后，用细松土和沙土回填空隙，边填边浇水，再用木棍将下半池回填夯实。③地下水位高的地区，放池后应及时回填土并向池内注水，注水应达到池容的一半以上。回填土夯紧时，不要用木棒或其他工具碰击沼气池，以防损坏池体。④下半池回填必须结实。⑤放池入坑时请注意玻璃钢沼气池体及安装人员的人身安全。⑥将玻璃钢沼气池体放入土坑内，上半部四周封土，将预先备好的原料注入池内一半，然后密封保持顶盖长期不脱水。

180. 玻璃钢沼气池的日常管理工作主要有几点?

主要工作有 4 点：①为了沼气气源充足、使用方便，经常进、出料是关键。进料的含水量应达到 92%～94%，同时出料量与进料量相等。②3～5 天应搅拌一次，搅拌方法是用木棒或竹竿从进、出料口插入沼气池中来回拉动 5 分钟左右，搅拌时不要使用沼气，注意木棒或竹竿不要摩擦玻璃钢沼气池壁，也不要频繁触及玻璃钢沼气池的底部。③沼气池运行 6 个月左右需大换料一次，换料时可用抽渣车抽渣，渣出后留有 30%接种物，然后需补加等量的发酵原料进池发酵。④玻璃钢沼气池不能进秸秆、草类原料，以免堵塞池子而不能自动进、出料，农药、电石、抗生素、抗菌素、消毒剂等化学物品不能进入沼气池中，铁丝、钉子、塑料袋等杂物亦不能进入沼气池中。

181. 沼气池玻璃钢模板的主要成分有哪些?

是由不饱和聚酯树脂、胶衣树脂、短切毡、优质玻璃纤维布等材料组成。

182. 沼气池玻璃钢模板的优点是什么?

①玻璃钢模板质地坚固、不易老化、耐腐蚀性强，正常情况下使用 30～50 次，综合成本在 70 元/口。②如果采用工厂化生产，保证了每块模板的尺寸和质量完好一样，有效地解决了人为因素造成的池容不达标问题。③采用玻璃钢模板施工具有施工简单、方便、速度快，技工易学易懂，建池户节约砂石、水泥、砖头等优点。④建池时装卸简单，每块模板只需 4 根螺丝连接，安装一套模板只需 1 小时。

183. 沼气池玻璃钢模板的缺点是什么?

①没有废旧折价；②建池数量较少；③耐用性一般化；④密实度差；⑤使用寿命较短；⑥出现裂痕难以维修。

184. 沼气池木模具的优点、缺点各是什么?

优点：①农村各地都可以制造木模；②每套制作成本低廉。

缺点：①木模重量重，搬运不方便；②木模耐用性差，怕风吹、日晒、雨淋；③木模组装时各板块之间缝隙较大，有时造成漏浆变形，影响沼气池质量；④没有废旧折价；⑤建池数量少，使用寿命短；⑥脱模困难，易损坏。

185. 如何制作木模板?

在配制模板前要熟悉图纸，根据结构情况安排好操作程序。一般的现浇结构应做好标准丈量杆，复杂结构应放好足尺（1∶1）大样，经检查无误，并在做好安装、拆除等施工方案后，再进行正式生产。生产的模板要分别进行编号，按单元结构和安装的先后程序整齐地堆放在室内，避免雨淋日晒。

186. 如何安装木模板？注意事项有哪些?

①紧固模板用的螺栓一般选用直径12～16毫米的，铅丝选用8号、10号或6毫米圆钢，圆箍可采用花篮螺栓箍紧。②模块与混凝土接触面应平整、严密；较窄的木板应拼在中间，接头整齐并相互错开，其背面加背销。③模板与背销的连接必须垫实。④圆筒形沼气池的内模（包括顶模）应一次性安装完毕，外模根据结构厚度及施工方案等情况分节安装，每节高度不应大于结构厚度（墙厚）的5倍。⑤安装模板时，应浇水湿润防止翘曲变形、裂缝。浇注混凝土时，有专人检查模板的支撑，发现问题及时修正。⑥安装圆形内模前，先找出中心线、边线并核对标

高，先安装内立模，可用8号铅丝整圆箍紧，经核对几何尺寸无误后，再支其内侧横撑和立撑，然后安装顶模，内模的安装必须保证尺寸、标高正确，无位移。外模的安装只能以内模及结构厚度为依据，整圆加箍同内模。⑦为确保墙体厚度正确，内外模间距可采用扁铁或螺杆控制，拆模后将扁铁或螺杆露头割掉，使用防水砂浆封固，也可采用其他行之有效的办法。⑧板间拼装缝隙应用木条泥子填补严密，防止浇注混凝土时跑浆。

187. 如何制作土模?

①土模适用于底板或顶盖现浇混凝土使用，微风化的岩土地基可作直立墙体现浇混凝土外模。②顶盖土模宜用于砂质黏土或黏质砂土成型，填土宜用细土，其含水量以手捏成团、落地开花为宜，细心拍打密实，不沉陷，不变形。③为确保土模尺寸正确，土模均须用木制标准尺检查、校正和修整，木制标准尺按设计图用1∶1足尺放样制作，并应将各部尺寸增大0.5～1厘米。

188. 如何制作砖模?

砖模适用于直立圆筒现浇混凝土内模或高度较小的外模的施工。砖模宜用黏土砂浆或石灰、黏土砂浆砌筑，靠混凝土面应用水泥、石灰砂浆抹光，厚度为0.6～1毫米，抹灰层干燥后（以手指压无凹陷为度），用废机油加滑石粉在表面涂刷一道，作为隔离剂。砌筑成型的砖模的几何尺寸必须满足设计图的技术要求。

189. 沼气池砖模的优点、缺点各是什么?

优点是砖模材料易准备。缺点是：①砖模工艺较复杂，技术要求高，并不是每一位技工都能熟练操作；②容易造成人为的池容不达标；③费工费时；④综合成本高；⑤不能使用振动器，不能拍打，容易导致内部出现蜂窝；⑥结构不严实，建池质量难以保证。

190. 在日光温室蔬菜生产中多大面积设置一个沼气灶或一个沼气灯以便为温室增温和保温？

通常日光温室内每 100 米^2 面积设置一个沼气灶，50 米^2 面积设置一个沼气灯，可满足温室增温和保温需求。

191. 为什么说沼渣施用于农业生产做底肥，对改良土壤起着非常重要的作用？

从沼气池底部直接取出的沼渣，其固体含量在 10%左右。通常是在春季或秋季大量用肥时施用，一般情况下是作为底肥使用。每亩的施用量为 1 000～2 000 千克。由于沼渣营养成分较丰富，尤其是腐殖酸含量达到了 10%～24%。对改良土壤有关键作用，如果连续 5 年施用对改良土壤质量起到极大的作用。

192. 沼气池建造在圈舍内有哪六大好处？

①节约土地：每口沼气池可节约占地面积 10 米^2 左右；②有利于同时布局和建造卫生厕所；③方便圈舍和厕所内的人畜粪便进入沼气池；④有利于沼气池增温保暖，提高产气率；⑤有利于安装抽提装置抽提沼液或沼渣，方便沼液循环冲洗圈厕及开展综合利用；⑥有利于改善牲畜饲养环境，缩短育肥周期，降低饲养成本。

第三章　沼气池的结构设计与施工

193. 农村户用沼气池的规划设计基本原则是什么？

农村户用沼气池的规划设计应以“池型合理、安全卫生、庭院协调、管理方便”为基本原则。

194. 户用沼气池型有几种？

一般按照以下 4 种方式进行分类：①按储气方式可分为；水压式、浮罩式、气袋式，在实际使用中水压式最为普遍，浮罩式次之。②按发酵池的几何形状分为：圆筒形池、球形池、长方形池、方池、拱形池、圆管形池、椭球形池、纺锤形池、扁球形状池等，其中圆筒形池和球形池应用最为普遍。③按建池材料分为：砖结构池、石结构池、混凝土结构池、钢筋混凝土池、钢丝网水泥结构池、塑料结构池、玻璃钢结构池、钢结构池等，在实际应用中最为普遍的是混凝土结构池。④按沼气池埋设位置分为：地上式、半埋式、地下式，在实际建池中以地下式为主。

195. 目前我国建造沼气池的工艺一般分几种？

大致可以分为两种：①混凝土整体现浇沼气池，②砖与混凝土组合建池。无论采用哪一种工艺和材料，都要求达到结构合理坚实、不漏水、不漏气，经久耐用。

196. 圆筒形沼气池的优点是什么？

①结构受力性能良好，受力各阶段在池内外轴对称作用下，

池体各部位大部分处于受压状态，池墙下部虽有少部分受拉区，但拉力并不大，便于采用砖、石、混凝土等，其抗压强度远大于抗拉强度的脆性施工材料，使结构厚度大大减薄，沼气池的土建造价相应降低。②同一容积的沼气池在相同受力条件下，圆形池的表面积比较小，仅次于球形池。③圆形池“死角”少，有利于甲烷菌的活动且容易解决密闭问题。

197. 户用沼气池由几部分组成?

户用沼气池主要由：发酵间、贮气间、进料管、出料管、水压间、活动盖、蓄水圈、导气管等部分组成。

198. 如何理解发酵间和贮气间?

发酵间是堆放发酵料液进行沼气发酵的主要部件，通称主池。在主池内以发酵液的液面为界，下部是发酵间，上部是贮气间，它的容积大小在主池内是经常变化着的，随着产气的多少而增大或缩小。发酵间接受进料管送来的原料，在此贮存发酵产生沼气而后上升到贮气间。发酵间两侧为进、出料管，顶部是活动盖和导气管。

199. 如何理解进料管?

进料管是向沼气池内发酵间添加原料的通道。一般采取直管斜插方式，在池盖支座附近斜插于料液中，这样做施工方便，进料顺畅，搅拌方便。进料管上口与猪圈排粪沟、厕所连通，人畜粪尿可自动流入发酵间内，一般进料管长 1～1.2 米，内径为 250～300 毫米。

200. 如何理解出料口?

出料口是经沼气池发酵间发酵后沼渣和沼液的出料通道。出料口设在进料管对面池墙 1/2 处至池底部位，一般高 600～700

毫米、宽 500～650 毫米，出料口与水压间池底连通。改出料管为出料口能更方便出料，为减少发酵原料压入水压间，一般在出料口设置活动挡板。

201. 如何理解水压间？

水压间又称出料间，设置在主池旁拱脚以上的出料口处，通过出料口与发酵间连通。水压间的作用有三个：①贮存产气后被排出发酵间的发酵液；②增加池内沼气压力；③兼作出料和搅拌的通道。水压间的容积大小根据沼气池的产气率大小确定，水压间的底一般与主池的“零压水位线”（即初始液面）相平或稍高一点。

202. 如何理解活动盖？其作用是什么？

活动盖是沼气池的一个部件，盖在贮气间拱顶中央蓄水圈池墙内口上，根据需要打开或封闭，活动盖一般为圆形，直径为 550～700 毫米。

活动盖的作用有 4 点：①在大量进料或出料时打开活动盖，可以避免因正压或负压过大，造成池体破裂；②便于沼气池的管理，打开活动盖人站在池口处进料、出料或打破浮渣结壳硬块，操作方便；③检修沼气池或清除沉渣时，打开活动盖便于通风采光排除有毒气体，保证操作安全；④建池时便于施工和材料的出入。

203. 蓄水圈有何作用？

蓄水圈设在贮气间拱顶活动盖盖口的上沿部分，与池盖拱顶连成一个整体，蓄水圈为圆形，高 150～300 毫米，活动盖外围设蓄水圈池墙，即保持活动盖与池口黏土经常湿润起密封作用，又能及时发现活动盖盖口漏气情况，一旦有漏气现象水中就会冒出气泡，便于及时发现问题、解决问题。

204. 导气管有何作用?

导气管是贮气间与输气管道的连接装置，安装在池盖拱顶蓄水圈池墙外的最高处，上口连接输气管，下口与贮气间相通以便将池内沼气输送出来至燃烧灯具或灶具。

205. 目前适合我国北方地区农村的户用沼气池有几种类型?

适合我国北方地区农村的户用沼气池主要有常规水压式沼气池、旋流布料沼气池和曲流布料沼气池三种池型。

206. 目前农村户用沼气池建多大容积较为合适?

一般地区农户 3～6 口人所用沼气池，应选择 8～12 米^3 的池容较为适宜。

207. 6 米^3、8 米^3、10 米^3、12 米^3 的沼气池应饲养多少牲畜?

①6 米^3 的沼气池应饲养 3 头成猪或 1 头成牛；②8 米^3 的沼气池应饲养 5 头成猪或 2 头成牛；③10 米^3 的沼气池应饲养 7 头成猪或 3 头成牛；④12 米^3 的沼气池应饲养 9 头成猪或 4 头成牛。

208. 建造沼气池的基本技术要求是什么?

技术要点：①布局设计合理，②池型构造简单，③施工方便快捷，④池子坚固耐用，⑤总体造价低廉，⑥配套使用最适宜。

209. 建造户用沼气池池坑放线怎样计算取土尺寸?

建造户用沼气池池坑放线应按下式计算：主池取土直径＝池身净空直径＋池墙厚度×2

210. 建造户用沼气池怎样计算主池取土深度?

建造户用沼气池应按下式计算主池取土深度：主池取土深度=蓄水圈高+拱顶厚度+拱顶矢高+池墙高度+池底矢高+池底厚度。

211. 建造户用沼气池时如何确定池形的标高?

①在保证人、畜粪尿和冲洗废水能自动流进沼气池的情况下，户用沼气池池形标高不得高于相邻住房地面，地面雨水、污水不能流进沼气池，正常年份不被洪水淹没。②如遇岩石、流沙、淤泥或地下水位太高，池坑无法开挖到位时，应在确保沼气池有效容积的前提下，改变池型以降低沼气池的净高（如圆形池加大直径降低池墙高度，改水压式分离浮罩式沼气池等）。③严格控制进料管、出料管下口上沿和水压间底部的标高。这三个部位的标高影响着沼气池储气量、储气压力的大小和最大压力的限制，更是确保沼气池安全使用的重要保障。

212. 为什么要杜绝使用铜导气管?

导气管目前采用ASN工程硬塑管或陶瓷管，管直径一般16毫米，长300毫米。因为铜管容易氧化，所以杜绝采用铜管。铜管直径一般只有5～8毫米，由于管径细小直接影响沼气池产气顺利进入管线，当灶具、灯具或沼气热水器同时使用时，易造成供气不足，火苗不旺，特别是在使用沼气热水器洗浴时，由于供气不足会造成洗浴时间延长，甚至不能洗浴等后果。特别是铜管氧化后，堵塞导气管造成供气不畅等现象时有发生，这一点沼气池用户一定要特别注意。

213. 为什么说建池容积要根据农户的自然条件来确定?

沼气池的容积要根据建池农户的自然条件和经济状况来确

定，如果沼气池建造过小，则不能充分利用原料和满足使用要求；如果沼气池建造过大，又没有足够的发酵原料，造成浓度偏低产气率上不去，导致人力、物力的浪费。因此说，沼气池容积的确定，一定要根据农户的自然条件和经济状况来建造相适宜的沼气池容积。

214. 目前我国农村户用沼气池一般情况下每人每天用气量是多少？

据调查，根据农户目前的生活水平，每人每天平均用气量为0.3～0.5 米^3，沼气池容积定为 8 米^3、10 米^3、12 米^3 为宜。

215. 在相同容积和发酵条件下，浅池为什么比深池的产气率高？

因为：①沼气池底部发酵原料多、菌种多是产生沼气的主要原因。浅的圆池底增大了厌氧微生物与发酵原料的接触面积，所以产气比较高；②同一容积的池子，浅池池底压力比深池相对小一些，有利于厌氧微生物的活动和气体的扩散。因此在建造沼气池时，要适当增大池底部的直径，降低池子的深度（深度宜在 2 米左右）便于管理维修提高产气量，减轻出料的劳动强度。但是池子也不能过浅，过浅不利于冬季保温。寒冷地区建造沼气池的深度在冻土层以下为宜。

216. 在南方地区建造“三结合”沼气池有哪些好处？

沼气池、猪圈、厕所三者建在一起，称为“三结合”沼气池，是南方地区广大农民在多年实践中总结出来的重要经验。它的优点是：①人、畜粪便能自动流入池内密闭发酵，节省输送粪入池的劳力，有利于把人、畜粪便有效地管理起来；②每天都有新鲜发酵原料入池，有利于提高产气率；③池宜建在厨房或住房附近，因为管理方便输气管路距离较短，减少了购买输气管路的开支；④有利于在冬季保持池温。

217. 各类结构的沼气池使用寿命是多少？

整体浇注混凝土结构的沼气池使用寿命为 20 年以上；砖混结构的沼气池使用寿命为 15 年左右；玻璃钢沼气池使用寿命一般为 2～8 年。

218. 目前农村建造什么结构的户用沼气池为最适宜？

通过调查了解，笔者认为建造整体现浇混凝土结构的户用沼气池为最适宜，最经济耐用，使用寿命长。例如，河南省西华县竹园村，1981 年国家投资建造的混凝土结构沼气池 110 口，目前还正在使用的有 98 口，其余 12 口沼气池因在池址上建房而报废，使用寿命长达 28 年以上。现在全村 179 户已全部建有沼气池，沼气普及率达到了 100％。

219. 在北方地区建造“四位一体”沼气池有哪些好处？

由于北方地区冬季比较寒冷使沼气池运行比较困难，容易造成不产气或使池体冻坏，科研人员经过技术创新实践，创建了北方地区“四位一体”生态模式，即沼气池、猪圈、厕所、太阳能温室四者建在一起，它的主要优点是：①人、畜粪便能自动流入沼气池内有利于粪便管理；②猪圈设在太阳能温室内，冬季使圈舍温度提高 4～8℃，为生猪提供适宜的生长条件缩短了生猪的生长期；③猪圈下的沼气池由于太阳能温室而增温、保温，解决了北方地区冬季寒冷产气难、池子易冻坏的技术难题。年总产气量与无太阳能温室的沼气池相比提高 30％左右；④高效沼肥增加 40％以上，畜禽呼出的大量二氧化碳又为植物光合作用制造有机物质提供原料，改善农作物品质，提高产量；⑤每栋“四位一体”8 米^{3}沼气池年产沼气 400 米^3；相当于节约 2 100 千克柴草；提供沼肥 15～25 米^3；年出栏生猪 5～15 头；冬季生产蔬菜

8 000千克。年户均纯收入 8 000～23 000 元。

220. 为什么沼气池的进料管与出料间不能合在一起?

沼气池的进料管是新鲜发酵原料入池的地方，出料间是取出经过发酵后肥料的地方。如果二者合在一起，在出料时就把新入池的发酵原料取出池外，这就会使新鲜原料得不到充分发酵、产气，也不利于杀灭新鲜粪便中的寄生虫卵。因此，在建造沼气池时二者一定要分开。

221. 如何选择沼气池池址?

①选择池址应考虑土质，选择适宜的池址是保证建池质量的重要环节。一般来说，建造沼气池应与农房建设统一规划，在沼气池与猪圈、厕所、厨房“三结合”的前提下，做到住房、猪圈、厕所、沼气池、厨房、庭院等合理布局，先建沼气池后建猪圈，使人、畜粪便随时流入沼气池，以达到连续进料和冬季保温的目的，有利于消灭蚊蝇，改善农村的环境卫生，减少疾病的发生。②户用沼气池距离厨房一般不超过 25 米为宜，建池地点尽量选择地下水位低、土质好、背风向阳的地方。不要在低洼、河边、不易排水的地方建池。③池址要尽量避开竹林和树林，开挖池坑时遇到竹根和树根要切断，在切口处涂上废柴油或石灰使其停止生长以至腐烂，以防树根、竹根破坏池体，同时还要尽可能距旧井、旧窑、旧水坑远一点，距使用沼气的地点近一点以减少沿途管道压力损失，便于沼气的管理和使用。

222. 建造沼气池的基本条件是什么?

①要有足够的建设资金。②拥有足够的人、畜、禽粪便量，做入池发酵原料，如果 3～4 口人家需建一个 8 米^3 沼气池，养猪达到 3 头或养牛达到 2 头以上，方可满足生活用沼气。③具有能够实行“三结合”沼气池的场地。④要根据家庭的经济条件、

地形、地貌选择一个最佳的沼气池型。⑤要选择一个建池经验丰富，具有沼气生产工国家职业资格证书的施工队伍。⑥沼气发酵启动时要准备有足够的含有大量微生物的接种物，以牛粪、猪粪或老沼气池内的沼肥为最佳。

223. 户用沼气池建池程序一般有哪些?

户用沼气池建池程序：规划与选址→备料→放线与挖坑→池体施工→密封层施工→输配管路的安装→试压检验。

224. 建造沼气池一般有哪些基本步骤?

建造沼气池步骤如下：①查看庭院地形，确定沼气池适宜的池型及建造的位置；②拟定施工方案，绘制施工图纸；③准备建池材料；④放线定位；⑤挖土方；⑥支模；⑦混凝土浇捣施工；⑧养护；⑨拆膜；⑩回填土；⑪密封层施工；⑫输配气管件、灯具、灶具、调控净化器安装；⑬试压验收。

225. 沼气池建得越大产气越多，这种看法对吗?

这种看法是片面的。实践证明，有气、无气在于建池技术，气多、气少在于管理水平。沼气池容积虽大，如果发酵原料不足、科学管理水平跟不上，产气还不如小池子。但是也不能只考虑管理方便，就把沼气池建得很小，如果容积过小影响沼气池造肥的功能，也是不可取的。

226. 户用沼气池水压间容积如何确定?

在设计施工中，如果对水压间贮气量考虑过小或过大，就会造成所产沼气溢出或水压间容积闲置浪费，根据调查水压间容积为该沼气池日产气量的50%为宜。例如：6 米^3 圆筒形沼气池，水压间直径 1.35 米左右，高度 0.66 米。8 米^3 圆筒形沼气池，水压间直径 1.5 米左右，高度 0.68 米。10 米^3 圆筒形沼气池，水压间直径1.6米左右，高度0.71米。

227. 建造户用沼气池如何选择池型？依据是什么？

①沼气池的选型与工艺选型密不可分。发酵工艺与池型往往是同时考虑配套应用。池型的设计必须满足工艺的要求，以发酵工艺参数为依据。如因特殊原因选定了池型，选用的发酵工艺也必须与池型相适应。②根据用户情况选择池型。普通用户建池一般为解决生活用能、积肥和综合利用，原料大部分为人畜粪便和秸秆。这种情况下选用“三结合”式水压池即可。如原料多以秸秆为主料发酵，也可选用分离浮罩式池型，配干发酵工艺或选用两步发酵池型，增设产酸池。常年养猪户以猪粪为发酵原料，可选用旋流布料自动循环沼气池。养猪不多，还可以选用其他材质的小型高效沼气池。禽畜养殖场，以粪便为发酵原料，且有充分的料源可选用高效连续发酵装置。③根据地域选型。寒冷地区宜选用地下池、半地下池；水位高的地区可选建地上池；南方地区气温高，还可建地上半埋池等。④设计能力强、管理水平高尽量选建较先进的池型，实行现代化管理。技术力量薄弱，应选用易操作管理的池型。⑤综合因素。沼气池选型和工艺选型一样，不但要考虑单一因素，还要依建池成本、回收期、经济效益和社会效益等决定取舍。

228. 建造户用沼气池选型原则是什么？

①遵循选型依据，紧密结合实际情况，如原料的多少、场地的大小、建池目的等来选建符合实际条件和要求的池型。②充分比较各种池型的利弊，远近结合，不要只顾眼前利益忽视未来的发展。一座沼气池的寿命在20年以上，建好后不宜变动。所以建多大池容，使用何种池型，建在何处都应该反复比较。③在诸多选型依据中应结合实际情况抓住主要矛盾，不应随波逐流应根据自己的需要和条件，结合选型依据确定池型。④池型的选择不

应生搬硬套，也不能顾此失彼，更不能强求一律，应因地制宜。在条件允许的情况下，应尽量选择便于进行综合利用的池型，至少为将来进行综合利用打下基础。

229. 建造户用沼气池一般都需要哪些材料？

建造沼气池的材料主要是：水泥、沙子、石子、砖、水，还需要一些混凝土预制构件或选用其他材料做进、出料管、池盖以及输配气管件、灯、灶具等。

230. 建造户用沼气池如何选择水泥？

水泥是一种水硬性胶凝材料，种类很多，有普通硅酸盐水泥、矿渣硅酸盐水泥、粉煤灰硅酸盐水泥等。建造沼气池一般都是采用普通硅酸盐水泥，可配制混凝土、钢筋混凝土、砂浆等，可用于地上、地下和水中结构，包括受反复冰冻的结构。水泥贮存期不宜过长，一般有效期为 3 个月。

231. 建造户用沼气池如何选择沙子？

沙子是天然岩石经自然风化，逐渐崩裂形成的。按颗粒大小分为粗沙（平均粒径 0.5 毫米以上）、中沙（平均粒径为 0.35～0.5 毫米）、细沙（平均粒径为 0.25～0.35 毫米）和特细沙（平均粒径在 0.25 毫米以下）四种。沙的容重一般是 1 米^{3}1 500 千克左右。沙子是沙浆中的骨料，混凝土中的细骨料。沙颗粒愈细，而填充沙粒间空隙和包裹沙粒表面以薄膜的水泥浆愈多，需要较多的水泥。配制混凝土的沙子，一般以采用中沙或粗沙较适合。

232. 建造户用沼气池为什么要首选中沙？

①建造沼气池适宜选用中沙，因为中砂颗粒级配好。级配好就是有大有小，大小颗粒搭配得好，咬接的牢，空隙小，既节省水泥强度又高。②沼气池是地下建筑物，要求防水防渗。③对沙

子的质量要求是：质地坚硬、洁净，泥土和有机物质（动、植物的腐败物质）含量小，硬化物硅酸盐和云母含量低，并具有粗细适当的级配。这是保证沼气池的强度和防水防渗性能好的一条重要措施（中沙平均粒径为 0.35～0.5 毫米）。

233. 建造户用沼气池如何选用石子？

碎石和卵石是配置混凝土的粗骨料，由天然卵石或岩石经过破碎、筛分而得的粒径大于 5 毫米的岩石颗粒。碎石具有不规则的形状以接近立方体为好，颗粒有棱角表面粗糙与水泥胶结力强，但孔隙率较大所需填充空隙的水泥砂浆较多。建小型沼气池宜采用细石子，又称瓜子片，最大的粒径不得超过 20 毫米。因为沼气池池壁厚度一般为 50～80 毫米，石子最大粒径不得超过壁厚的 1/2。碎石要洗得干净不得混入灰土和其他杂质，风化的碎石不宜使用。

234. 建造户用沼气池如何选用机砖？

①按户用沼气池的要求选用标号 75 号以上的标砖为最适宜。其标准尺寸为 240 毫米×115 毫米×53 毫米。②砖的质量要达到平整方正，外形规则，无裂缝翘曲，断面组织均匀，棱角完整无缺，声音清脆，质量均匀，无过火、无欠火，不含易爆裂物质。

235. 建造户用沼气池如何选择石材？

在山区、丘陵或盛产石材的地区建造沼气池，可用石材加工成板石或条石砌筑发酵间和出料间。用于建造沼气池的石料，一般多选用组织紧密、均匀、无裂纹、有耐水性、无风化或弱风化的砂岩或石灰岩，同时石块应经过修整成 16 厘米厚即可。

236. 建造户用沼气池如何选择石灰？

石灰是经高温煅烧而成。要选用块石灰，使用前必须用水熟化过滤成石灰膏，并经储存7天左右方可。

237. 建造户用沼气池石灰起什么作用？

石灰在使用前一般都使之熟化，熟化后的石灰称为熟石灰，其主要成分是氢氧化钙。在建造沼气池的工程中，熟石灰被用作砌筑砂浆和密封砂浆的改性材料。

238. 建造户用沼气池使用石灰时应注意哪些问题？

石灰掺入水泥砂浆中可以增加砂浆的韧性、保水性、和易性。但是由于石灰是硬性材料又能溶解于水，而埋设在地下的沼气池长期处于潮湿环境，因此石灰不能单独作为胶凝材料建造沼气池，而且即使石灰作为改性材料用于砂浆中也应加以控制。使用过程中石灰膏应过筛，消除石灰膏中未熟化的颗粒，否则将造成重大隐患。

239. 建造户用沼气池如何选用水质？

建造沼气池拌和混凝土的水以及养护沼气池用的水应采取清洁的饮用水。

240. 什么是砌块建池？

所谓砌块就是砌筑用的预制块体，包括砖、石料、混凝土砌块，其规格和质量应满足设计要求。砌块建池就是用砌块建造沼气池。

241. 砌块建池有什么特点？

①可以加快建池速度。利用夏、秋季节建池材料资源较充足的时机预制砌块，以达到常年备料、快速建池。②对于各类地基均可采用砌块建池；混凝土块既可集中预制，也可分散生产。③现场装配化施工，从而做到保证质量、节约材料、降低成本、施

工简便、节约时间、节省劳力。

242. 水泥砂浆的特点是什么?

水泥砂浆是水硬性材料，它凝结快、强度高、保水性差、密实度差、不能反复抹压。

243. 石灰砂浆的特点是什么?

石灰砂浆是气硬性材料，其特点是凝结慢、强度低、保水性好、密实度高、和易性好。

244. 混合砂浆的特点是什么?

混合砂浆是在水泥砂浆中加入一定量的石灰膏，它的性能介于石灰砂浆与水泥砂浆两者之间，具有强度高、密实度高、干硬时间适当的特点，可反复抹压，故建造沼气池常采用混合砂浆。

245. 普通硅酸盐水泥的优点和缺点是什么?

普通硅酸盐水泥的优点是从生产之日开始到第 28 天使用强度高；在 10℃以下低温情况下凝结硬化快，耐冰性好。

普通硅酸盐水泥的缺点是耐腐蚀性与耐热性差，水化热较高。

246. 矿渣硅酸盐水泥的优点和缺点是什么?

矿渣硅酸盐的优点是耐腐蚀，耐水性好；耐热性好，水化热低；蒸养时强度发展快，潮湿环境中后期强度增长较快。

矿渣硅酸盐的缺点是早期强度低，耐冰性差；干缩性较大，黏性较差；常有泌水现象，和易性较差。

247. 火山灰质硅酸盐水泥的优点和缺点是什么?

火山灰质硅酸盐水泥的优点是耐磨性好，耐水性强；水化热低；蒸养时强度发展快，潮湿环境中后期强度增长较快。

火山灰质硅酸盐水泥的缺点是早期强度低，耐热性较差；干缩性较大，吸水性比普通水泥稍高。

248. 采用普通混凝土在不同条件下建造沼气池如何选用水泥?

①在普通气候条件下，应优先使用普通水泥，也可使用矿渣水泥，不宜使用火山灰质水泥。②在干燥环境中，优先使用普通水泥，同时也可以使用矿渣水泥，不宜使用火山灰质水泥。③在高温或长期处在水中条件下，优先使用矿渣水泥、火山灰质水泥，也可使用普通水泥。④建造厚大的体积结构优先使用矿渣水泥、火山灰质水泥，也可使用普通水泥。

249. 在有特殊要求的混凝土建造沼气池时如何选用水泥?

①要求快硬高强度时，优先使用快硬硅酸盐水泥，也可使用高级水泥。②严寒地区及寒冷地区在水位升降范围内的，优先使用普通水泥，标号≥400 号，也可使用矿渣水泥，标号≥400 号，不能使用火山灰质水泥。③严寒地区在水位升降范围内的，优先使用普通水泥，标号≥500 号抗硫酸硅酸盐水泥，不能使用火山灰质水泥、矿渣水泥。④有抗污要求的，应优先使用普通水泥或火山灰质水泥，不宜使用矿渣水泥。⑤有耐磨性要求的，优先使用普通水泥标号≥400 号，矿渣水泥标号≥400 号，不宜使用火山灰质水泥。⑥在腐蚀性环境中，应优先使用根据侵蚀性介质的种类，浓度等具体条件按专门规定选用。

250. 沼气池的施工技术主要有哪些?

沼气池的施工技术概括起来可以归纳成三大类施工技术：第一类为砌体的施工技术；第二类为现浇混凝土的施工技术；第三

类为防水抹灰的施工技术。

251. 为什么说建造沼气池时宜选用3个月以内生产的标准水泥?

因为水泥的强度是随着贮存的时间而逐渐下降的，所以在选购建池用水泥时要了解该水泥的生产日期，应选用3个月以内出厂的水泥，已结块的水泥不能用于建池。

252. 建造沼气池时拌制混凝土、砂浆的材料有哪些?

①建造沼气池拌制混凝土的材料有水泥、沙、水和石子。②砌筑沼气池的砂浆主要由水泥、砂和水组成。③拌制混凝土、砂浆以及养护要用饮用水。

253. 建造混凝土沼气池时施工准备应做到哪几点?

施工前组织有关人员将下列事项检查合格后方能施工。①模板中心线、标高、几何尺寸正确，拼缝严密支撑牢固，模板内的杂物已清除干净，隔离剂涂刷均匀适量。②钢筋绑扎牢固，浮锈清除干净无污物、垫块，支撑已垫好绑牢，保护层正确。③脚手架、板绑扎安全可靠，脚手板不得直接搭在模板或钢筋上。④会同有关人员检查钢筋的规格、钢号、位置、间距、数量、搭接长度是否符合设计要求；预埋件和预留孔的位置、尺寸是否正确、牢固；检查合格验收记录后才能浇注混凝土。⑤浇注混凝土前，根据工程计算出各种材料（包括养护遮盖材料）按品种、规格、数量准备充足。⑥根据工作量和结构情况，作好劳动力的组织安排。⑦水、电要保持畅通，开关灵活，电器绝缘接地良好。⑧合理地选择好振动器（应有备用振动器），并将所有施工机械进行试运转，检查是否正常。⑨各种工具齐全，夜间施工应有足够的照明设备。⑩施工负责人应将施工任务、进度要求、劳动组织、混凝土配合比、施工缝位置、质量安全和技术措施等向有关人员进行技术交底，明确岗位责任，做到人人心中有数。

254. 户用沼气池所用混凝土的作用、特点是什么？

混凝土是由胶凝材料、粗细骨料和水按适当比例配合、拌制成的混合物，经一定的时间硬化而成的人造石材，在混凝土中砂、石起骨架作用称为骨料；水泥与水形成水泥浆，水泥浆包在骨料表面并填充其空隙。硬化前水泥浆起润滑作用，使混合物具有一定的流动性便于施工，水泥砂浆硬化后，将骨料胶结成一个结实的整体。混凝土具有很强的抗压能力及耐磨、耐热、耐侵蚀的能力，加之新拌和的混凝土具有可塑性，能够随模板制成所需要的各种复杂的形状和断面，所以户用沼气池均应采用混凝土现浇池体。

255. 配制混凝土的基本要求是什么？

①强度。混凝土硬化后应有足够的强度，才能保证建筑物的安全。混凝土的强度与水泥标号、水灰比、骨料强度及级配、捣固密实程度、施工气温和养护条件、龄期有密切关系。其中水灰比、水泥标号、密实度是决定混凝土强度的主要因素。②和易性。是指混凝土混合物能保持混凝土成分的均匀、不发生离析现象，便于施工操作（拌和、浇灌、捣实）的性能。③水灰比。混凝土中用水量与用水泥量之比，称水灰比，水灰比的大小，直接影响混凝土的和易性、强度和密实度。④水泥用量多少直接影响混凝土的强度及性能，所以说必须按规定用量施工。⑤砂率。砂的重量与砂石总重量之比称为砂率。砂率有一个最佳值，适合的砂率就是使水泥、沙子、石子互相填充密实。

256. 影响混凝土沼气池强度的主要因素是什么？

水泥标号和水灰比是影响混凝土强度的主要因素。当其他条件相同时水泥标号越高则混凝土强度越高；水灰比越大则混凝土强度越低。

257. 建池用混凝土的质量要求是什么？

建造沼气池的混凝土，应慎重考虑混凝土拌和物的和易性和强度，因为只有和易性和强度能够充分达到质量要求，建池质量才能保证优质。其他如混凝土的抗渗性、抗冻性、耐热性以及胀缩性等也应符合有关要求。如易于搅拌均匀、浇灌时不发生离析、泌水现象；捣实时有一定的流动性，易于充满模板也易于捣实，使混凝土内部质地均匀致密，强度和耐久性得到保证。

258. 建造户用沼气池各结构部分时怎样选用混凝土标号？

户用沼气池池底一般选用150号混凝土，池墙、水压间、水封槽选用150号混凝土，圈梁及池盖选用200号混凝土，分离浮罩池的水封池选用150号混凝土。

259. 人工拌制普通混凝土参考配合比如何确定？

建池常用100～200号混凝土，各种原料的配料比如下：

(1) 混凝土标号100号：水泥标号325、卵石粒径0.5～2厘米。1米^3：水泥220千克、中沙660千克、卵石1 320千克、水180千克。

(2) 混凝土标号150号：水泥标号425、卵石粒径0.5～2厘米。1米^3：水泥249千克、中沙688千克、卵石1 276千克、水187千克。

(3) 混凝土标号200号：水泥标号425、卵石粒径0.5～2厘米。1米^3：水泥284千克、中沙658千克、卵石1 273千克、水185千克。

260. 人工拌制混凝土的方法是什么？

方法：先将沙子摊平将水泥倒在沙子上，两人用铲子相对干拌3次，混合均匀后在中心挖一凹形坑倒入石子，再将2/3的水加入，两人用铲子相对拌和，随着拌合速度继续加入剩余的1/3的用水量，湿拌3次直至拌和均匀，使混凝土的颜色一致为止。

261. 现浇混凝土沼气池允许偏差值是多少?

按照规定现浇混凝土沼气池允许偏差值如下：①内径：+3毫米、-5毫米；②外径：+5毫米、-3毫米；③池墙标高：+5毫米、-10毫米；④池墙垂直度：±5毫米；⑤弧面平整度：±4毫米；⑥圈梁断面尺寸：+5毫米、-3毫米；⑦池壁厚度：+5毫米、-3毫米。

262. 人工捣固或电动振动器捣固混凝土时应注意什么问题?

不论人工捣固或电动振动器捣固混凝土，均应全部捣出浆液达到石沉浆出边角等处尤应注意浇捣密实，严防出现蜂窝麻面。

263. 人工拌制砂浆时应注意什么?

砂浆是由胶结材料、细骨料加水拌和而成的混合物。在砌筑砖石工程中用来填充砌体空隙，并把砌体胶结成一个整体，使之达到一定的强度和密实度。砂浆可分为水泥砂浆、混合砂浆和石灰砂浆，目前，常用的砂浆有10、25、50、75、100号，还有150、200号砂浆则在特殊需要处使用。砌筑砂浆一般采用水泥砂浆或混合砂浆；抹面砂浆用于平整结构表面及其保护，并有密封和防水、防渗作用，其配合比一般采用1∶2、1∶2.5和1∶3。

264. 采用机械拌制混凝土时操作方法是什么?

操作要求：①每罐搅拌量（按制成混凝土体积算）应不大于搅拌机的最大容量为宜，若超过容量搅拌时不得超过搅拌机容量的10%。②严格控制水泥、沙子、石子、水等材料定量（重量比）。③水泥使用前要逐袋检查品种、标号，防止混杂，并抽查袋装水泥的重量和质量。④搅拌第一罐前用水先将搅拌筒、罐洗干净，第一罐应适当增加水泥和沙子用量，并适当减少石子的用量。⑤原材料进入搅拌筒的顺序为：水→石子→水泥→沙子，由集料斗进料时投入集料斗的顺序为：水→石子→沙子（投入一部分）→水泥→沙子（剩余部分）。⑥混凝土的连续搅拌最短时间到卸出之前不得投入新料，拌筒中装满材料时不得停转。⑦混凝土在搅拌机中连续搅拌的时间不能过短。⑧收工前或搅拌中断后，必须将搅拌机清洗干净。

265. 沼气池砌筑砂浆材料选择的标准是什么？

砌筑砂浆用于砖、石砌体，其作用是将单个砖、石胶结成为整体，并填充块材间的间隙。砌筑砂浆一般采用水泥砂浆或混合砂浆，其组成材料的选择标准为：①水泥选用标号高于砂浆标号的普通水泥，每立方米混合砂浆的水泥用量最少为80千克。②砂的最大粒径应小于砂浆层厚度的1/5～1/4，砌筑体使用中砂为宜，粒径不得大于2.5毫米。③应选用洗净的沙子和洁净的水拌制砂浆。人工拌和水泥砂浆时，应先将水泥及沙子干拌3次，然后加水拌和3次至颜色均匀为止。

266. 现浇混凝土沼气池质量检查方法有哪些？

按照要求现浇混凝土沼气池的检查方法是：①内外径拉线用尺量，检查点数各4个；②池墙标高用水准仪检测或拉线用尺量，检查点数为4个；③池墙垂直度吊线用尺量，检查点数为4个；④弧面平整度用弧形尺和楔形塞尺检查，检查点数为4个；⑤圈梁断面尺寸拉线用尺量，检查点数为4个；⑥池壁厚度用尺量取平均值，检查点数为4个。

267. 砖砌体沼气池允许偏差是多少？

按照规定砖砌体沼气池允许偏差如下：①直径±5毫米；②标

高+5毫米、-15毫米；③水平灰缝平直度±10毫米；④水平灰缝厚度±3毫米；⑤池墙垂直度1米范围内±5毫米。

268. 砖砌体沼气池质量检查方法有哪些？

①直径和水平灰缝平直度拉水平线用尺量，检查点数各2个；②标高用水准仪或拉线用尺量，检查点数为4个；③水平灰缝厚度用尺量，检查点数为3个；④池墙垂直度用垂线和尺量，检查点数为3个。

269. 砖砌体建池工程中的质量要求有哪些？

①砖体中砂浆应饱满密实。垂直及水平灰缝的砂浆饱满度不得低于95%；不允许出现内外相通的空隙。②组砌方法应正确，竖缝错开不准有通缝，水平灰缝要平直，平直度偏差不超过10毫米。

270. 混凝土预制板工程中的质量要求有哪些？

①砌体砂浆要饱满密实，板间接头牢固，组砌方法正确，不允许出现通缝或联通缝隙。②砌体外缝采用C20细石混凝土灌缝；砌体内缝用1∶2.0水泥砂浆，分两层勾缝与池内壁相平。③检查拌制砂浆所用原材料的品种、规格和用量，每一工作班至少2次，砂浆的拌和时间应随时检查。

271. 沼气池建成后如何拆除模板？具体要求有哪些？

现浇结构模板的拆除期限如果设计无专门规定时，其拆除期限应遵守下列规定：①不承重的侧模保证混凝土件表面及棱角不受损坏时，承重模板应在混凝土达到70%强度后方可拆除。②拆模时间应以施工中预留的混凝土试块的强度试验结果为依据。③模板、支撑及卡具等的拆除，要按安装时相反的程序分段、分部位进行。每拆除一段应立即清理运出，再做下一部分的拆除，严禁大面积撬脱和整体拉倒的做法，应轻拆、轻放防止损伤混凝土件的棱角及表面，不得用撬棍和大锤拍打冲击混凝土件。

272. 为什么说在混凝土沼气池建成后要特别注意养护温度、湿度？

水泥硬化时在水分充足的情况下，温度越高混凝土强度发展越快；当水分足温度低时，混凝土强度发展缓慢甚至停止。当混凝土的养护温度低时强度发展变慢，到零度时硬化不但停止，还可能因结冰膨胀导致混凝土强度降低或破坏。

273. 为什么说建造户用沼气池优先采用“圆、浅、小”池型？

所谓“圆”是指圆筒形和球形沼气池。因为球体的表面积最小可以省工、省料，圆筒形尽管在相同体积下表面积较球体的大但施工方便；同时池壁厚度可比长方形结构小30%～40%，池体受力均匀不易损坏。“浅”是指整个沼气池的埋置深度要浅。这样有利于充分利用太阳能提高池温，从而提高产气率。“小”是指在满足用气的前提下，尽量缩小沼气池的容积。容积小不仅能充分利用发酵原料解决原料不足的问题；而且节省建筑材料，降低造价，同时易于控制和调节提高产气率。

274. 什么是沼气池密封剂？主要成分是什么？

以国标广西“火龙牌”密封剂为例：沼气池密封剂主要采用高分子耐腐、耐酸碱树脂材料作成膜物，以水泥作增强剂配制而成，使用后以一种“硬度薄膜”包被全池，从根本上彻底解决了沼气池渗漏和不耐腐蚀、不耐酸碱等问题。

275. 沼气池密封剂有何性能、特点？

以国标广西“火龙牌”密封剂为例：其性能特点如下：①密

封性高，气体阻绝性强；②耐腐蚀，耐酸碱，黏接性强；③与水泥结合力强，使用后池壁光亮；④可改“三灰四浆”粉刷工艺为“一灰四浆”，每池节约水泥50～150千克，减少用工3个不需反复抹压；⑤在建筑行业可取代沥青、油毡防漏方法；⑥水池、水塔、卫生间等渗漏处理及修补效果极佳；⑦克服了面层涂料易脱落、易水解、易裂折、易老化、寿命短、有隔层、难修复等缺点。

276. 为什么说户用沼气池内表面必须涂抹密封涂料?

对沼气池的最基本要求是不漏水、不漏气。但目前农村建造的沼气池结构层大部分采用混凝土、砖、石等建筑材料，这些材料均有相当数量的大小不同的微细孔隙，而这些孔隙大多是非闭合的。在一定的沼气压力下，沼气很容易通过这些孔隙渗漏出去。因此，必须在沼气池内表面涂抹密封涂料，广西“火龙”牌密封剂就是专用密封涂料。

277. 为什么实行沼气生产工实行持证上岗制度?

农村沼气建设的成败关系到农民的切身利益和沼气池的使用寿命。因此，必须坚持保证质量，安全生产的原则。沼气池建设必须实行标准化建池和专业化施工，施工人员必须持有沼气生产工国家职业资格证书，实施就业准入制度。

278. 为什么提倡用塑料薄膜作为沼气池外部的密封材料?

用水泥、砖、石等材料建造沼气池，尽管采用多层密封技术但密封层仍有许多微细的孔隙，特别是沼气池的外部，这些孔隙造成沼气池渗漏。采用塑料薄膜做沼气池池盖、池墙、池底的外密封材料，既可避免地下水的危害又可提高沼气池的密封性能，施工简便，技术可靠。

279. 沼气池外部密封施工时的注意事项是什么?

①沼气池的外密封材料通常采用厚度为0.11～0.17毫米的聚乙烯塑料薄膜，根据施工要求可以全池铺膜，也可以池底、池墙、池盖单独铺膜。全池铺膜的顺序是先贴池壁膜后铺池底膜，将池壁膜卷入池底膜底部，待浇捣池体混凝土后再铺池盖膜，并将露出池墙上圈梁的膜料覆盖在池盖膜上，用10毫米厚的1∶3∶5的混合砂浆或1∶3的水泥砂浆封膜。②膜料拼接可采用平接，即膜料互相压实300～400毫米。同时膜料之间不能存留土层、混凝土等杂物，将拼接部位压紧压实以免漏水漏气。③铺膜过程要讲求质量，精心施工。如有破口要及时补洞黏结好再用水泥砂浆压实。④沼气池用塑料薄膜做外密封材料后，决不能忽视池体内密封层的质量，只有内外结合才能进一步提高沼气池的密封性能。

280. 为什么说沼气池的施工质量、施工技术是第一位的?

沼气池是个生产并贮存沼气的装置，所以它必须是抗渗漏和气密性均好的装置，要达到结构安全不漏水、不漏气、寿命长的目的，除了进行科学合理的设计以外，其施工技术和施工质量是非常重要的环节。因此，要求施工队伍必须具有较高素质、过硬的技术、丰富的实践经验，施工人员必须树立高标准、高质量、严要求、质量第一的思想进行精心施工。

281. 建造沼气池如何放样开挖?

放样工作是保证建池质量，掌握池体各部件轮廓尺寸的关键。按设计图纸打好主池中心桩随挖随打，施工中用主池半径尺(其长度即主池半径加池体结构厚度，另一端钻一个孔穿入中心桩内)，随时检查纠正偏差。开挖时根据池址的地质水文情况，决定直壁开挖还是放坡开挖。直壁开挖的池坑应尽量利用土壁做胎膜。圆筒形池圈梁以上部位按放坡开挖池坑，圈梁以下部位按膜具成型的要求（直壁）进行开挖。拱顶部位必须留好操作线宽度，一般取 250 毫米宽。开挖池坑时不要骚动原土，池壁要挖的圆整边挖边修。可利用主池半径尺随时检查，挖出的土应堆放在离池坑远一点的地方，禁止在池坑附近堆放重物以免塌方。如遇地下水则需要采取排水措施并尽量快挖快建。

282. 沼气池软弱地基如何处理?

软弱地基的处理：①如遇到老回填土若年代已久土层较实，夯实后即可浇注池底。②如遇新回填土地基必须用力夯实后，用 100 号混凝土做 50 毫米厚的垫层，然后才可浇注池底。③半实半虚地基的处理：当土坑模开挖至预定深度时如遇一半原土一半回填土时，必须对回填土部分的地基进行处理，先探明回填土的深度，如回填土不深，可以夯实并铺一层石子做垫层；如回填土很深必须采用打桩或用块石做垫层，必要时池底或下半球圈梁还需钢筋加固。

283. 沼气池地下水如何排除?

①盲沟集水坑：春、夏季施工或在池塘、水沟旁施工常常会遇到一定量的地表渗水，遇到这种地下水的池坑可以采用盲沟、集水坑的办法处理。作好盲沟和集水坑后应尽快浇注混凝土。混凝土浇筑后 24 小时内要不断排水，以保护混凝土在凝结前不被地下水冲坏。集水坑不能过早封闭，应在全池搞好粉刷、池顶全部填好土后才能封上，过早封闭一旦遇到暴雨，积水就会将沼气池浮起使之倾斜。②封闭集水坑的办法之一是水压水：首先是备好料，一是大粒径的石子必须足够填满坑；二是拌好干水泥和砂；三是 300 号混凝土以够封口为量；四是备一块比坑面稍大的塑料薄膜。先将坑内水抽干，将坑边清洗干净后迅速将石子填入坑内，再将干水泥砂灰填入坑内铺平后立即用混凝土将坑口封

好，然后迅速用黄泥把塑料薄膜贴上尽快加水，水加到原有水位高度为止。3～5天后待混凝土凝结后即可进行试压。

284. 建池模具有几种？

常用建池模具有：钢模、砖模、木模、玻璃钢模、硬塑料模。

285. 使用模具时应注意什么？

无论使用何种模具都应注意模具要架设稳定，模接缝严密不漏浆，方便拆除。同时注意模具清洁，模板的几何形状支撑物要有足够的强度和刚度及稳定性，考虑好进料口、出料口与拱盖或池墙模具的衔接。用砖做内模时应注意砖要内潮外干。

286. 混凝土整体现浇建池如何施工？

（1）池底施工：土质好时原土夯实后，用150号混凝土直接浇灌池底6～8厘米。如遇土质松软和沙土时先铺一层碎石轻夯一遍以后，用100号混凝土浇灌池底垫层厚8厘米振插以后，即可在其上用150号混凝土浇灌池底混凝土层6厘米然后原浆抹光。遇到池底浸水时在池底做十字形盲沟，在中心点设集水坑。在盲沟内填碎石子使池底浸水集中排出，然后在池底铺一块塑料薄膜，在集水坑部位剪一个孔供排水。如果薄膜有接缝则在接缝处各留约30厘米宽并黏合好，防止浸水从接缝处冒出拱坏池底混凝土。铺膜后立即在薄膜上浇筑池底混凝土，在集水坑内安装1个无底玻璃瓶用以排水，待全池粉刷完毕后，用水泥砂浆封住集水坑内无底玻璃瓶。

（2）池墙施工：待池底混凝土初凝后即可支模浇灌池墙。池墙一般用150～200号混凝土，浇筑时应采用螺旋式上升的方式依次浇捣成型不留施工缝。池墙应分层浇捣，每层混凝土高度以20～30厘米为宜。最好采用机械振捣，浇捣要连续、均匀、对称，振捣密实。手工浇捣时必须用钢钎有次序地反复捣插直到泛浆为止，保证池体混凝土密实，不发生蜂窝麻面。

(3) 池盖施工： 池盖用200号混凝土一次浇捣成型厚度为6～10厘米，经过充分拍打、提浆、抹平后再用1∶3的水泥砂浆粉平收光。

287. 混凝土的浇灌和捣固应该怎样操作？

在浇注和捣固混凝土的过程中，应严格保持钢筋的正确位置和保护层厚度，并有专人负责检查膜板、支撑、钢筋、预埋件及预留孔等是否移动，如发现有变形或位移时，须立即修正。操作人员不应在膜板、支撑及钢筋上行走，以免发生变形影响质量和安全。混凝土由高处向下倾倒的高度不得超过2米，应用串筒或斜槽下落，串筒最下一节应垂直于混凝土浇筑面，倾倒于浇注面的混凝土应铺设平整均匀后方可振捣。浇捣混凝土应连续进行，必须间歇的时候尽量缩短并在前层混凝土初凝之前浇捣好次层混凝土不留施工缝，间歇最长时间不得超过2小时。不得已而超过2小时的间歇时，应将间歇时间安排在设计允许留施工缝的位置，并注意以下事项：①施工缝应水平（或垂直）并作成“凹”口或插筋。②在已硬化的混凝土表面上继续浇捣混凝土前，应除掉水泥薄膜和表面上的松动石子及软弱混凝土层，并将基层冲洗干净使其充分湿润。残留于基层混凝土表面的集水应清除干净。浇捣水平施工缝时，先在其上铺一层与混凝土内砂浆比例相同的水泥砂浆然后倾倒新混凝土，注意仔细捣固使其紧密结合。③距离施工缝0.5米以内一般采用人工捣固，0.5米以外才可使用振动器，但仍须防止钢筋直接受到强力震动，破坏原混凝土对钢筋的黏结力。混凝土捣固完毕后露出的表面应刮平压光。

288. 使用电振捣器时应注意什么？

使用振捣器时应注意下列事项：①振动器应安放在牢固的脚

手板上，不得放在钢筋或模板、支撑上。②使用插入式振捣器，应快插慢拔垂直于浇注面，橡胶皮管不得淹入混凝土内，拔出时不能停转。振捣的时间以混凝土不再沉落，表面翻浆不再出现气泡为止。振捣器不得任意碰撞模板和钢筋，尤其是土胎模、砖模更应特别注意。插入式振捣器可按“三角形”，“梅花形”或“一”字形步距移动，步距不得超过该振捣器之振动半径的1.5倍，最好与振动半径相等。混凝土分层虚铺厚度不得超过振动棒长度的1.25倍，若下层混凝土尚未凝结时，振动棒应插入下层约5厘米，若已凝结则应离下层混凝土表面3厘米。③使用平板振动器时，虚铺混凝土的分层厚度不得超过振动作用深度（一般不超过20厘米），每一振动位置振到表面翻浆时方可移动，移动时做到纵横互相搭接5厘米以上。

289. 人工振捣时的注意事项是什么?

在没有电源或在施工缝规定范围内，方可采用人工振捣。但应注意下列事项：①人工捣固采用赶浆法，随浇随捣依次分层进行，分层厚度不得超过20厘米；②插扦应用力插过浇注底层表面，快速捣动翻浆后拔出，直至插捣密实、表面翻浆为止。③在施工缝处继续浇捣混凝土时，插扦不得插伤下层已凝结的混凝土。

290. 如何对沼气池进出料管进行施工?

①沼气池的进、出料管与水压间的施工及回填土，应与主池在同一标高处进行。②进、出料管，一般购置工厂化生产的内径为25～30厘米的混凝土水管，安装前应将管的内外壁密封层做好。一般做法是在管内外壁刷2～3层水泥浆。③安装时管底宜用C10混凝土作垫层务必填实埋实，管与池墙连接处应用C13～C18细石混凝土填塞密实。

291. 如何养护混凝土沼气池?

混凝土的潮湿养护十分重要，但混凝土的养护常不受技术人员重视，因而造成严重后果。混凝土的自然养护开始时间根据气温和有无日照决定，常在5～12小时内进行覆盖，12～24小时内开始浇水养护，养护时间不得少于7天，由于采用的水泥品种和气温、日照不同，有时需要养护2周。特别要注意的是夏天养护的前3天中午、下午需要加强养护，稍不注意就会造成因养护不好而使混凝土开裂。池顶部分最好加铺稻草或麻袋并洒水润湿，以保持混凝土表面有足够的水分，填土后应在池内加少量水并盖好入孔盖板（活动盖），以保持湿度。

292. 混凝土沼气池如何拆模?

一般情况下，池墙应达到设计强度等级的70%，池盖应达到设计强度等级的75%时就可拆模。拆模时应注意不要破坏混凝土的表面及棱角。

293. 如何清洗新建混凝土沼气池的池体?

抹灰前应对池体内表面和池盖内表面进行清理去除杂物，用水冲洗使表面既粗糙清洁又具有一定的湿度，清洗之后应对混凝土基层表面凹凸不平处、蜂窝孔洞等进行处理，为基层刷浆做好准备。

294. 如何给沼气池内墙体抹灰、刷浆?

①混凝土模板拆除后，立即用钢丝刷将表面打毛，抹灰前用水冲洗干净。用凿子剔除漏浆凸面，用素灰和1∶1的水泥砂浆填补凹面、孔洞和砌块大缝隙。用水灰比为0.4～0.5的稠素水泥涂刷全池；用水灰比为0.4～0.5的1∶3的水泥砂浆粉刷全池；用水灰比为0.4～0.5的素水泥砂浆涂刷全池；用水灰比为0.4～

0.45 的 1∶2 水泥砂浆粉刷全池并抹压收光。②施工要求：分层交替抹压密实以使每层的毛细孔道大部分切断，使残留的少量毛细孔无法形成连通的渗水孔网，保证防水层具有较高的抗渗防水功能。素灰层和砂浆层应在同一天内完成，切勿抹完素灰后放置时间过长或次日再抹水泥砂浆。素灰层要薄而且要均匀不宜过厚，否则造成堆积反而降低黏结强度且容易起壳。③抹面后不宜干撒水泥粉，以免素灰层厚薄不均匀影响黏结。用木抹子来回用力揉压水泥砂浆使其渗入素灰层。如果揉压不透则影响两层之间的黏结。在揉压和抹平砂浆的过程中，不要加水否则砂浆干湿不一容易开裂。水泥砂浆初凝前收水 70%时进行收压，收压不宜过早但也不能迟于初凝。池内所有阴角用圆角过度。抹灰必须一次抹完不留施工缝。施工完毕后要洒水养护，夏天更应注意勤洒水养护。

295. 沼气池密封涂料的使用方法是什么?

以国标“火龙”牌密封涂料为例，使用方法是：①新池用水泥砂浆粉刷一遍，旧、病池冲洗干净。②把密封剂放入水中加温软化后倒出，用 5～6 倍水稀释分 2 份备用。③取 4～6 千克水泥与 1 份溶液混合，再加适量水配成溶剂浆把全池刷一遍，稍干用同方法再刷一遍。

296. 使用沼气池密封涂料时应注意哪些事项?

①配浆搅拌时会产生泡沫，应从表面刮掉（放池底使用）。②配浆时稀稠要适宜，以用刷子蘸浆贴于池墙，浆下流 15～20 厘米自止为宜，否则予以调整。③刷池时不能漏刷（池子里面所有地方包括连接处）。

297. 沼气池内水泥密封层的质量检查有哪些要求?

①水泥密封层应灰浆饱满，抹压密实，无翻砂，无裂纹，无空鼓，无脱落，表层光滑。接缝要严密，各层间黏结牢固。检验

方法：边施工边观察或用木锤轻敲击检查，并核查施工记录。②水泥密封层厚度应符合设计要求，总厚度允许偏差+5毫米。检验方法是边施工边检查。

298. 沼气池内涂料密封层的质量检查有哪些要求？

①涂料层应薄而均匀，并且具有对潮湿基面良好的附着力，具抗老化性及耐酸碱性，不得出现任何裂纹。②在涂料密封层施工中，涂刷不得有漏刷、脱落、空鼓、起壳、接缝不严实、裂缝等现象，涂刷厚度均匀、表面光滑。检验方法：边施工边检查施工记录。

299. 直观检查沼气池时应注意哪几点？

①应对施工记录和沼气池各部位的几何尺寸进行核查。②池体内表面应无蜂窝、麻面、裂纹、砂眼和气孔。③无漏水痕迹等肉眼可见的明显缺陷。④粉刷层不得有空鼓或脱落现象，合格后方可进行试压验收。

300. 怎样填实池墙外围回填土？

回填土应在池体混凝土达到70％的设计强度后进行。回填土的湿度以“手捏成团，落地开花”为最佳。回填土质量要好，回填土要对称均匀分层夯实。

301. 防水抹灰（三灰四浆做法）如何操作？

①抹灰前应将待抹灰表面（混凝土或砌体表面）的翘壳、毛刺、蜂窝以及松软包皮清除，然后用水将待抹灰表面清洗干净。②用1∶2水泥砂浆（最好用粗砂）将蜂窝麻面填补平整（较大的蜂窝或小孔洞最好用细石混凝土填补）。③用纯水泥浆（水灰比约为0.4）在基层面涂刷1～2遍。④底层抹灰：用1∶2.5水泥砂浆（水灰比约为0.4）抹灰，厚约5毫米应薄抹严压，初凝前用木抹子提浆2～3遍。⑤涂刷纯水泥浆一遍材料同③。⑥中

层抹灰，要求同④。⑦涂刷纯水泥浆一遍，材料同③。⑧面层抹灰，用1：2.5水泥砂浆抹灰厚5毫米，应特别注意初凝前的提浆工序和时间，应反复压实提浆、抹光，要求表面光滑不翻砂、无裂纹。⑨涂刷纯水泥浆2～3遍。要求同③。⑩三灰四浆抹灰工序要求：次道工序应在前道工序的灰浆终后方可进行。⑪干燥地区抹灰层砂浆表面容易失水开裂，应注意浇水养护。

302. 防水抹灰（五层防水砂浆做法）如何操作？

①抹灰前的准备工作同三灰四浆做法一样。②基层抹灰用水灰比约为0.35～0.4纯水泥灰（素灰）反复在基层表面刮抹一道，厚约2毫米。③用1：2.5水泥砂浆抹灰（水灰比为0.4），操作要求同三灰四浆做法；④抹素灰一道，操作要求同②；⑤用1：2.5水泥砂浆抹灰，要求同③；⑥抹面层素灰，操作要求反复抹压，表面抹光。⑦表面涂刷水泥砂浆1～2道要反复涂刷。⑧每道工序的进行时间同三灰四浆法一样；⑨干燥地区注意养护，同三灰四浆法一样。⑩抹素面层以外的灰层在初凝时应用毛刷蘸水（或清水泥浆）在其表面按顺序刷出水条纹。

303. 如何进行沼气池密封涂料层施工？

为了进一步提高沼气池贮气部位的气密性，采用涂料密封是有效的。以国标广西“火龙”牌密封涂料为例。特点是：黏接强度高，抗渗漏能力和抗腐蚀性能好，抗老化性能和延伸性好，操作简便，价格低廉，对人体和沼气细菌无毒性。根据经验，沼气池内墙密封层按国家标准的“三灰四浆工作法”操作后，在沼气池内池拱盖贮气部分和浮罩内表面，十字交叉涂刷两层性能较好的密封涂料，其密封性能既好又黏接牢固。技术要点：①要求在池墙内水泥密封层表面全干的情况下，才能进行涂料的施工。②第一遍涂刷，首先要将毛刷用力蹾一蹾（即上、下动作），使涂料嵌入水泥表面孔隙之中。边刷边蹾并按一个方向进行。待第一遍涂料干燥后，按第一遍涂刷的垂直方向再横向进行第二遍涂刷。③涂刷过程中前一刷与后一刷要适当重叠吻合，不得漏刷、不得有气泡出现。归纳起来就是“一干二蹴三刷四不漏”。

304. 沼气池密封层施工时应注意哪些问题?

①施工时必须做到分层交替抹压密实,以使每层的毛细孔道基本切断,使残留的少量毛细孔无法连成连通渗水孔网,保证防水层具有较强的抗渗、防水效果。②施工时应注意素灰与砂浆层应在同一天内完成,即防水层的前两层基本上连续操作,后两层连续操作,切勿抹完素灰后放置时间过长或次日再抹水泥砂浆。③素灰层要薄而均匀不宜过厚,否则造成堆积反而降低黏结强度容易起壳。④水泥砂浆揉浆时,用木抹子来回用力压实使其渗入素灰层。如果揉压不透则影响两层之间的黏结。在揉压和抹平砂浆的过程中严禁加水,否则砂浆干湿不一容易开裂。⑤在水泥砂浆初凝前,待收水 70%时就可以进行收压,收压时用木抹子抹光压实。⑥收压时需掌握砂浆不宜过湿。收压不宜过早但也不迟于初凝。用铁板抹压而不能用边口刮压。⑦收压一般做两道,第一道收压表面粗毛,第二道收压表面细毛,使砂浆密实强度高且不易起沙。

305. 预制沼气池钢筋混凝土盖板和水封盖板的标准是什么?

农村家用沼气池一般都在进料口、活动盖口、出料间设置盖板。盖板一般用混凝土预制。一般圆形、半圆形盖板的支撑长度应不小于 50 毫米，盖板混凝土的最小厚度应不小于 70 毫米。

306. 户用沼气池建成后其检验项目一般有哪些?

沼气池建成后为了保证建池质量，在池体结构层和密封层均达到 90%以上的设计强度后，必须进行严格的质量检查。其具体检查项目是：①几何尺寸，②直观，③是否漏水，④是否漏气。

307. 建造沼气池时应注意的安全事项有哪些?

在建沼气池时，要严格遵守操作规则严防发生事故。①防止塌方：一般土质较好地下水位低的池基，池壁可以不留坡度。要严禁挖上凹下凸的“洼岩洞”。对土质较差的松软土、砂土要采取加固措施以防塌方。在地下水位较高或雨季施工时，池坑周围要设排水沟或在池中挖一个深水坑引水。②防止砸坏和摔伤人：开挖池坑运送石料和建池砌筑时，要防止石料滑落、掉砖和工具失手砸伤施工人员。运送石料和搭手架的绳索必须结实牢固、防止断裂落架伤人。③池内施工严禁明火：在沼气池内施工，严禁使用明火，可以电灯照明施工。并要防止电器漏电，以防电击伤人。④严格检查：在池内抹刷时应仔细检查池的顶部、池壁等处有无裂缝，检查有无易掉的石块、砖头等，如发现问题要及时处理。⑤及时加盖：沼气池建成后，进料口、出料口、天窗口等处要及时加盖以防人、畜掉入池中。

308. 沼气池的施工质量如何进行详细的检查?

新建沼气池在投料前，应对施工记录和沼气池各部分的几何尺寸进行复查，计算沼气池的容积是否符合图纸的设计要求。池体内表面应无蜂窝、麻面、裂缝、砂眼和孔隙；无渗水痕迹等肉眼可见的明显缺陷；粉刷层不能有空壳或脱落现象。不符合要求处应修补。待混凝土养护达到设计强度的70%以上时（即平均气温20℃时5～7天），方能进行试压查漏验收。池外输气管道、开关等配套设备必须安装齐全牢固，同样应进行试压验收。

309. 沼气池四层抹面法施工的要求是什么?

第一层素灰：水灰比0.4～0.5；用稠素水泥浆刷一遍。

第二层水泥砂浆层厚10毫米，水灰比0.4～0.5，水泥∶砂为1∶3。①在素灰初凝时进行，即当素灰干燥到用手指能按入水泥浆层1/4～1/2时进行，要使水泥砂浆薄薄压入素灰层约1/4左右，以使第一、二层结合牢固。②水泥砂浆初凝前用木抹子将表面抹平压实。

第三层水泥砂浆层厚4～5毫米，水灰比0.4～0.5，水泥：砂为1∶2。操作方法同第二层。水分蒸发过程中分次用木抹子抹压1～2遍以增加密实性，最后再压光。每次抹压间隔时间应视施工现场湿度大小、气温高低及通风条件而定。

第四层素灰层厚2毫米，水灰比0.37～0.4。①分两次用铁抹子往返用力刮抹，先刮抹1毫米厚素灰作为结合层，使素灰填实基层孔隙，以增加防水层的黏结力，随后再刮抹1毫米厚的素灰，厚度要均匀。每次刮抹素灰后都应用橡胶皮或塑料布适时收水（认真搓磨）。②用湿毛刷或排笔蘸水泥浆在素灰层表面依次均匀水平涂刷一遍，以堵塞和填平毛细孔道增加防透水性，最后刷素浆1～2遍形成密封层。

310. 沼气池建成后为什么要特别重视养护工作?

因为水泥是水硬性的建筑材料，经与水拌和后经历了溶解、胶化、结晶三个阶段而硬化成水泥石。在硬化过程中必须满足充足的湿润环境和适宜的温度条件，才能达到设计强度，因此为确保沼气池质量必须进行至少7昼夜养护工作。

311. 如何对沼气池进行养护?

①沼气池的潮湿养护。目前许多地区建的沼气池一般为水泥结构，由于水泥是一种多孔性材料，干燥的天气会使毛细孔放开，容易造成漏气。因此，必须注意池子长期保持潮湿养护。有的地方把新建的沼气池加上夹层水密封效果很好；也有的沼气池顶上覆盖25厘米厚的土层，在土层上种菜、种花以保持沼气池体的湿润。②防止空池曝晒。新建的沼气池经检查符合质量要求后应马上装料切忌空池曝晒。干旱季节不宜大换料，若农时季节

需要肥料必须在大换料时备足发酵原料及时装料，要尽量缩短空池时间。暂时备不足发酵原料千万不要把池子掏空，应加盖养护以防曝晒。③增加保湿层。为了防止沼气池池顶的水分蒸发，可在池顶打一层三合土（石灰＋黄泥＋砂或谷壳）；有的刷一层柏油；也可在池顶上铺一层粗砂或煤渣再加一层“三合土”，也可在池顶上铺一层废塑料薄膜以截断土壤的毛细孔，防止水分蒸发。要求各种保潮层的覆盖面积应大于沼气池池顶的水平面积。④防腐蚀。由于沼气池内层经常受沼气发酵原料（一般呈微酸性或微碱性）的侵蚀，对水泥（或其他建筑材料）有轻微的腐蚀作用，当沼气池使用2～3年后密封层受到破坏，部分砌筑材料和粉刷的水泥脱落，应在每年大换料时进行抹刷，把池壁坑凹处抹平再刷1～2遍纯水泥浆，使之恢复沼气池的密封性能。

312. 检查是否漏水的标准是什么？

向池内注水，水面至零压线位置时停止加水（采用灌水增压方式的，水面淹没进料管入口和出料口粪门为宜）待池体湿透后标记水位线并观察12小时，当水位无明显变化时，证明发酵间、进料管、出料口水位线以下不漏水之后方可进行试压。

313. 检查沼气池是否漏气的标准是什么？

密封沼气池活动盖，在蓄水圈内盛满水用电动充气泵加气或灌水增压，待池内水面稳定后观察4小时，压力表水位线保持一点不动的（即水柱无上升、下降现象），表明沼气池的密封性能好，既不漏水又不漏气，质量已经达到标准。若压力表水位线发生变化应继续观察24小时，水柱降低在水柱标高3%以内的说明不漏气。经试压验收合格后方能投料使用。

314. 沼气池建成后为什么要进行试压？

沼气池建成后必须进行试压，通过试压才能对沼气池的质量有一个完整、系统的检验，然后移交给用户。个别地区严重缺水无法进行正常水压试验时，可采用气压试验。

315. 试压时为什么要采用“U”形水柱压力表？

沼气池建成后要进行试压检验，试压时要采用“U”形水柱压力表，禁止采用盒式压力表，因为盒式压力表的测量误差太大，不能准确显示沼气池是否渗漏的上限压力，无法判断沼气池是否渗漏。

316. 如何进行沼气池池外管道检验？

①将输气管放入盛水的容器中，打开输气管道的开关、阀门一端向里打气，观察其输气管管道、开关、阀门、接头等处有无漏水的地方。②在输气管道上涂抹肥皂水打气后，看肥皂水是否鼓起气泡。③导气管和池盖的接触部位、活动盖座缝处也容易漏气应重点检查。检查方法同上。

317. 活动盖上安装导气管时应注意哪些问题？

①导气管安装在活动盖板上，是输送沼气首先经过的部位。它是采用内径为1.6厘米，壁厚为2～3毫米的工程塑料管制成的。导气管应同浇筑活动盖板时一起用混凝土浇筑在活动盖板上。因此，比较牢固不易松动，也不会出现跑气现象。②杜绝采用铜导气管，因为铜制品受腐蚀后容易氧化堵塞导气管影响正常供气。③在浇注混凝土时，下端口的位置不应与活动盖板盖的平面相平。如果是在同一平面，往往在装料初期因蛆虫或水珠很容易从池壁爬入或吸入导气管内，堵塞管道影响使用效果。④导气管的正确位置，应该是导气管的下端突出活动盖板的底平面1厘米左右，这样蛆虫或水珠很难进入导气管内。

318. 活动盖的密封方法是什么？

①密封材料：沼气池活动盖的常用密封材料有黏土、水泥

等。先将不含砂的干黏土锤碎、筛去粗粒和杂质，按 1∶10～15 的配比（重量比）将水泥与黏土干拌均匀后，分成大小两堆料再加水拌和，将小堆拌成泥浆状，将大堆料拌湿，以“手捏成团，落地开花”为宜。②清洗表面：先用扫帚扫去粘在蓄水圈（又称天窗口）、活动盖底及圆周围的泥沙杂物，再用水冲洗使蓄水圈活动盖表面洁净以利黏结。③封盖步骤：先用瓦刀将拌好的泥浆抹在蓄水圈内气箱拱盖上面，抹平并粉平；再把活动盖坐在泥浆上，注意活动盖与蓄水圈之间的间隙要均匀，用脚紧踏使之紧密贴合。然后将拌好的水泥撒在活动盖与蓄水圈之间的间隙里，分层锤紧填满为止。当锤紧第一层黏土后，选三个卵石等距离放在活动盖与蓄水圈墙的间隙内。卵石粒径与间隙大小相同楔紧活动盖。水泥黏土起到密封作用，三粒卵石起骨架作用，这样可以防止沼气池内压力增高时活动盖向上移动而造成漏气。④养护作用：用水泥黏土密封活动盖后打开沼气开关，将水灌入蓄水圈内养护 1～2 天即可关闭开关使用。揭活动盖换料时注意钩出三个卵石，钩松间隙内的密封材料，在揭活动盖时防止损坏蓄水圈墙。

319. 为什么说沼气池建成后对进料口、出料口和天窗口要及时加盖?

沼气池建成后无论是否试压、试水、装料，都要对沼气池天窗口、进料口和出料口及时加盖，防止人、畜掉入池中淹溺或摔伤。

320. 如何利用两种试压方法对新建沼气池进行检查?

首先向池内灌水使水位达到进、出料口上端 20 厘米处，观察 24 小时，若水位降低在 2 厘米以内说明不漏水。然后向池内充气（或灌水增压），使沼气压力达到设计水柱差的 50％标高，观察 4 小时，如果水柱不下降继续打气至 100％，再观察 24 小时，水柱降低在设计水柱标高3%以内时，说明不漏气，即可投料使用。

321. 砖混结构沼气池的特点是什么?

砖混结构沼气池一般采用组合式建池，即池底、池墙、水压间采用混凝土整体浇注，池拱盖采用无模圈拱砖法或建池标尺砌砖法砌筑。用这两种方法建沼气池施工方便、适应性强，更适宜没有资金购置建池模具的地方建沼气池。

322. 砖混组合建池如何施工?

(1) 池底施工：施工方法同混凝土整体现浇建池工艺。

(2) 池墙施工：在用150号混凝土现浇的池底上，划出池体净空内圆灰线。用1∶3的水泥砂浆沿着墙内外圆灰线砌筑6厘米单砖，每砌筑一层（25厘米）浇灌一层150号细石混凝土，砌四层正好是1米池墙高度。在池墙上端制作三角形圈梁，圈梁浇灌后要压实抹光。砌筑时应注意：砌砖前先浸湿保持面干内湿。砖砌体应浇水养护避免灰缝脱水黏结不牢。细石混凝土要混合均匀填充密实。进料管、抽渣管与池墙结合部应用细石混凝土加强。

(3) 池盖施工：户用沼气池用砖混组合法砌筑池盖时，一般采用“单砖飘拱法”施工。砌筑时应选用规则的优质砖。砖要预先淋湿但不能湿透。飘拱用的水泥砂浆要用黏性好的1∶2细砂浆。砌砖时砂浆应饱满并用钢管靠扶或吊重物挂扶等方法固定，每砌完一圈用片石嵌紧。收口部分改用半砖或6分砖头砌筑以保证圆度。为了保证池盖的集合尺寸，在砌筑时应用曲率半径绳校正。池盖飘完后，用1∶3的水泥砂浆抹填补砖缝，然后用粒径0.5～1厘米的细石混凝土现浇3～5厘米厚，经过充分拍打、提浆、抹平后用1∶3的水泥砂浆粉平收光，使砖砌体和细石混凝土形成整体结构体以保证整体强度。

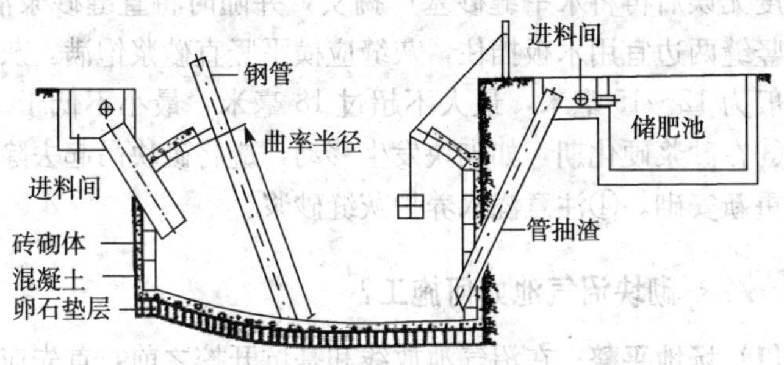

图 16　旋流布料沼气池无模悬砌飘拱法示意图

323. 沼气池对砌砖工程的技术要求是什么？

①砖抗压的强度等级不应小于 MU10 级。②砌砖用水泥砂浆的抗压强度等级应与砖的抗压强度等级相同，有利于充分利用材料的力学性能。③普通黏土砖在砌筑使用前必须浇水保持面干内湿。④砌砖前应用干砖试摆以确定排砖方法及错缝位置，便于确定适当的灰缝厚度。⑤砖砌体的水平和竖向灰缝一般为 10 毫米，但不应小于 8 毫米，也不应大于 12 毫米。⑥随时检查砌体的平整和垂直度，做到灰缝均匀、砂浆饱满。⑦设计中规定的孔洞、管道、沟槽预埋件等，应在砌筑时正确留出和预埋。⑧厚度大于 120 毫米（大于 1/2 砖）应按一顺一顶的方法砌筑。⑨圆筒形墙体在砌筑前先设置好中心杆并定出中心点，根据中心点弹出“十”字轴体和墙基线。⑩砌筑时边砌边用中心杆套转盘尺进行检查校正圆筒身的半径和截面厚度，圆筒形筒身按照设计要求调整半径尺寸。⑪注意浇水养护砌体，确保灰缝砂浆强度。

324. 沼气池对砌块工程的技术要求是什么？

①砌筑前应对砌块型号、尺寸进行检查，允许其偏差。②砌块应按设计图规定的位置砌筑。砌筑前先铺一层水平砂浆，将砌块安放在设计位置上，用木楔调整砌块的垂直度，经检查水平和

垂直度无误后再将水平缝砂塞严捣实，并随时将直缝砂浆灌满，此时竖缝两边宜用木板挡住，灰缝应横平竖直砂浆饱满。灰缝厚度一般为12～15毫米，最大不超过18毫米，最小不低于10毫米。③在砂浆硬化期，如砌块发生移动，应将砌块吊起去除原有砂浆重新安砌。④注意浇水养护灰缝砂浆。

325. 砌块沼气池如何施工？

（1）场地平整：在沼气池放线和基坑开挖之前，首先应对建池场地进行平整，为沼气池的放线工作做好准备。

（2）放线：为正确地确定沼气池池坑的几何尺寸和方位，根据图纸平面图的尺寸用1∶1的比例，把沼气池的外包轮廓线放于场地上确定的位置。①确定出发酵间、水封池、进料管、出料间的中心点并钉上木桩，并把中心点引到木桩上钉上铁钉。②用石灰粉将发酵间、水封池、进料管、出料间的土坑外轮廓线画在场地上。③分别将发酵间、水封池、进料管、出料间的中心点引出池坑以外，使开挖土方时不易破坏，用4～8根木桩定位。

326. 如何开挖砌块沼气池坑？

池坑开挖的顺序一般是先开挖好发酵间和进料管及出料管的土方，再开挖水压间土方，土方开挖按以下顺序进行：①确定好发酵间、水压间、进料管和出料管土坑底部和沟槽底端及底部的标高。②池坑开挖应由中心开始取土向四周扩展，并随时测量池坑和沟槽的标高及水平尺寸，不要超挖。③球冠形池底基尺寸和形状用圆弧形靠尺检查形状，逐层修挖成形。

327. 沼气池砖模卡具的特点是什么？

（1）体积小重量轻制作简单：砖模卡具仅用直径32毫米和直径24毫米规格的铁管共7米长左右，并与几个螺丝连接而成。它的主要结构是由中心定位杆和半径卡尺两部分组成。它的全部重量7千克左右。施工时伸展开后中心定位杆与半径卡尺的长度分别为3.5米和2.5米，施工结束收缩后的尺寸为两节式长度1.7米左右，三节式长度1.2米左右。

（2）制作成本低廉，节省大量投资：一套砖模卡具其材料及人工等制作成本不足280元（不包括包装运输），而一套钢制模具制作成本在3 500元以上。

（3）便于携带和运输：由于砖模卡具体积小重量轻，只要沼气技术员1人随身携带即可，短途绑在自行车上就可以。

（4）砖模卡具尺寸可调，适合建不同容积的沼气池：砖模卡具在建池的规格上有很强的适用性和灵活性。只要将半径卡尺拉长或缩短，所建的沼气池就可大可小，建6米^3、10米^3、12米^{3}的都行。

（5）使用寿命长：一套砖模卡具只要保管好不锈蚀一般可用多年，而钢模卡具一般只能使用2～4年，而且要经常维护保养。

328. 为什么说用砖模卡具建池既规范又迅速？

在实际操作中利用砖模卡具建池，施工时操作简便快捷，连续施工可缩短工期。砖模卡具在池墙浇注施工中，只要将中心定位杆拉长后用自身的螺丝固定，杆的下端定位于池底圆心上，杆的上端垂直绑在横跨池口直径位置的木杆上即可，半径卡尺拉伸到池子的半径长时也用自身的螺丝固定就行。用半径卡尺定位摆正砖模位置，使砖模和池坑壁保持一定的距离，边摆砖模边浇注混凝土，每浇注完一层砖，半径卡尺套管在中心定位杆上水平向上移一砖高并用钉子固定好。在拱盖的施工中，将半径卡尺的末端顶在池墙的上沿，中心定位杆在原地向下达到半径卡尺所确定的曲率半径长度即可固定，然后一圈一圈拱砖，每拱3圈砖拱盖外可随之抹水泥。拱盖封口前拆卸砖模卡具，拆卸时间仅需20分钟。拱盖砌筑结束后拱盖内也可随之抹灰，使用砖模卡具池内外可连续施工。

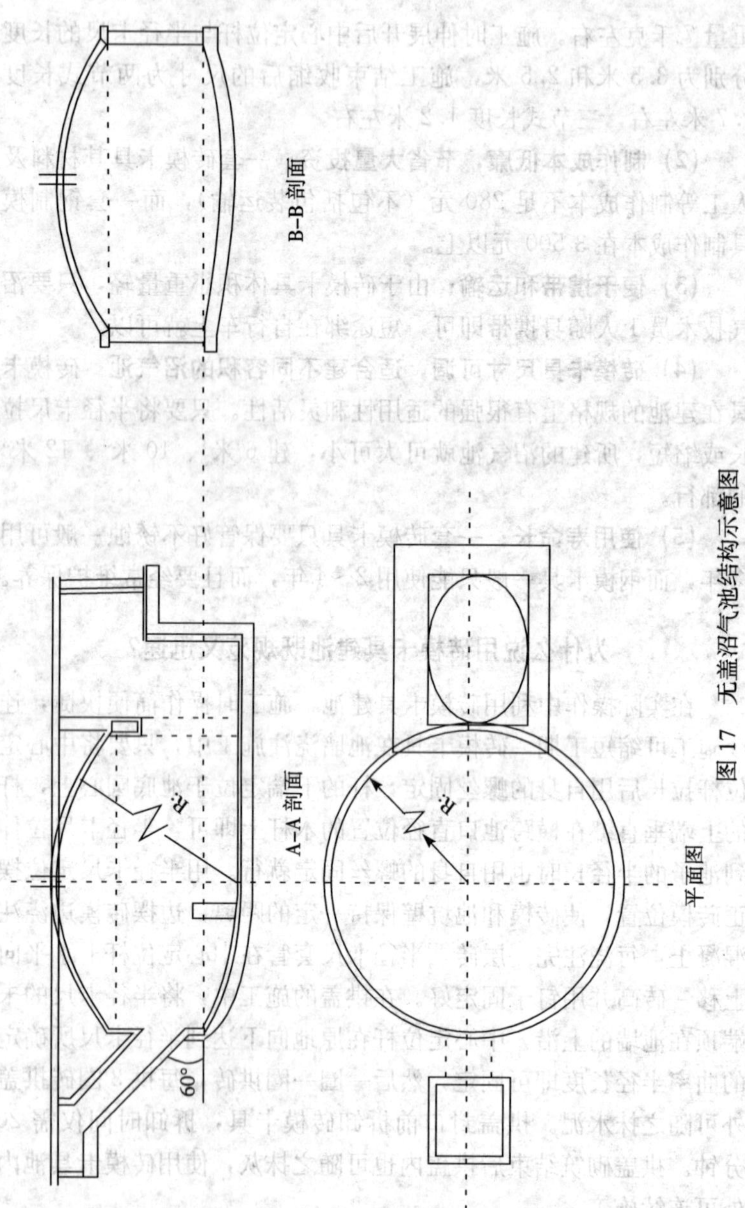

图 17　无盖沼气池结构示意图

329. 什么是无盖沼气池?

无盖沼气池就是没有活动盖，又称死盖沼气池，产生于20世纪80年代初期，它是在总结以往“远、大、深”沼气池管理难、启盖频繁，特别是在沙土地区无黏土塞盖难，活动盖经常启用损害多，而使活动盖沼气池空池时间长，用气效果不高的情况下产生的一种沼气池型，这种沼气池在某些地区也深受建池户的欢迎。

330. 无盖沼气池的优点是什么?

①进料简单，出料方便，使用安全，简化了管理，坚固耐用，使用周期长，产气效果好。②池壁矮降低了全池的总深度。一般池墙设计高度为80厘米。池内径根据池容确定。池墙采取混凝土现浇，厚度5～7厘米，也可用红砖砌筑。③底圈梁用150号混凝土浇15厘米×15厘米找平；池底夯实后铺卵石垫层10厘米，用75号砂浆灌浆，再浇150号混凝土5厘米厚振实抹光。④整浇池墙用钢模或木模作内模，外模利用老土。池墙用150号混凝土浇5～7厘米厚。⑤圈梁施工：在做好池墙上端后，用150号混凝土浇筑上圈梁，并按设计要求找出斜面，浇成15厘米×15厘米；⑥拱盖施工：用钢模整浇时先架好钢模一次成型，用200号混凝土浇筑厚度7厘米。无论用何种建材结构的沼气池拱盖外表面都要进行防渗处理。

331. 建造无盖沼气池的技术要点是什么?

以8^3沼气池为例：①进料管采用现浇法。用200号混凝土浇成长100厘米，内径25～30厘米，壁厚3厘米的整体管。安装时采用斜插安装法。②出料间，内径长1.5米，宽0.7米，壁厚6厘米，用红砖砌筑或采用150号混凝土整体浇筑均可。③沼气池的拱顶上只安装导气管无活动盖。④全池内密封处理。用

425 号水泥配成 1∶2～1∶1.5 水泥砂浆抹灰 4 次。头两次抹灰为 1∶2，后两次抹灰为 1∶1.5。⑤刷浆：用纯水泥调成浆糊状连续刷 2 次，然后使用广西“火龙”牌密封涂料再涂刷 2 遍密封效果更好。

332. 沼气池出现问题时的诊断步骤是什么？

沼气池建成后出现了漏水、漏气而不能正常使用。诊断检查的步骤是：先外部后里面，先管道后池体，逐步排除疑点找准部位，查明原因“对症下药”进行维修。

333. 如何确定沼气池的漏水、漏气点？

通过检查证明已漏水、漏气的池子，应先将池内一切杂物清理干净，并排出残存气体，人在下池前一定要进行动物下池安全试验。然后在池壁漏水、漏气的水线附近粉刷石灰浆，待灰浆干燥时观察池壁有无湿纹、湿点出现。因为有漏水、漏气的地方会有水渗入池壁，这样就能准确地找出漏气孔和漏水孔以及裂缝线。

334. 沼气池出现漏水、漏气的原因是什么？

①施工技术不过关质量差。如池盖与池墙的交接处或石料、砖块交接处，由于灰浆不饱满黏结不牢、勾缝时砂浆不足抹压不紧、池壁黏刷质量差、毛细孔封闭不严等都能造成漏水和漏气。②受外界机械震动或人为伤害。沼气池建好后，池体本身突然受到比较大的震动。如载重汽车、爆炸等震动，使池体各个接缝处、水泥砂浆出现裂口或脱落。夏季或早春、秋末，沼气池大出料后不能及时装料，遇有大风、曝晒造成裂缝，不装料的空池子经过冬季的寒风造成冻裂。试压产气后池体内外压力不平衡，使砌筑的砖块、石料和混凝土松动。进料比出料快，造成负压过大将池体胀坏鼓裂。③池体建成后由于养护时间过短急于下料也会损害池体。④池体在发酵期间，由于受有害气体的腐蚀或长期受

到发酵液浸泡，使刷浆层脱落造成漏水、漏气。⑤密封材料使用不当造成封闭不严。

335. 沼气池在试压和进、出料时应注意哪些事项？

①沼气池在加水试压或进料时不能倾倒太猛，特别是当淹过进、出料管下口时，更要放慢速度以免池内气体压力骤然增大，造成池墙破裂。②装入池内的原料，出料时不能用锄头去锄以免震坏池体。③沼气池出料时，也要防止过快过猛，以免产生过大负压破坏池壁。④在大量进、出料时，要揭开活动盖打开输气管道阀门，防止产生过大的正压或负压。⑤用动力出粪机抽出粪液或加水，更应注意这一点。

336. 压力表上的“正压”和“负压”是什么意思？

U 型压力表上，左右两根水柱的水位在同一水平线上（即位于零刻度）表明池内压强与大气压强相等。当与输气管相连的一端管子水位下降，另一端水位上升时，则为“正压”，表明池内有沼气产生；U 型管内的水位差，就是池内沼气的压强低于大气压强的差值。相反，压力表上与大气相通的一端水柱下降在零刻度以下表明池内沼气压强低于大气压即为“负压”。

337. 如何保证沼气池严密不漏气？

在施工过程中必须按照沼气池国标标准要求去做，该做的工序一定要做到，不要节省工序，最后还要给沼气池刷一层广西“火龙”牌优质密封涂料，设立一条防线，可确保沼气池不漏水、不漏气。

338. 沼气池如何和日光温室综合配套？

如建 667 米^2 的温室，需建 8～15 米^3 的沼气池，养 6～12 头猪。同时按 50 米^2 一盏沼气灯，100 米^3 一个沼气灶布置好沼气管道及沼气灯、沼气灶的位置。

339. 认为建造沼气池池壁越厚越牢固的看法对吗？

这种看法不正确。现在有少数建池户认为，沼气池池壁越厚越牢固，有的建池技工也把沼气池池壁加厚到 10 厘米，甚至达到 13 厘米，比标准图集中规定的 5～7 厘米厚度高出 1 倍，这样做不但增加了建池成本，还缩小了沼气池的容积，徒劳无功。因此，提醒建池农户和技工，一定要按照国家标准图集施工，建标准合格的沼气池。

第四章 沼气发酵原理与条件

340. 什么是微生物?

沼气池里有各种类型的微生物，它们的作用各不相同，必须分工合作才能使有机物变成沼气。所谓微生物是指个体微小、构造简单，必须借显微镜的帮助才能看清楚它的外形的一群小生物。

341. 沼气发酵微生物包括哪些种类?

沼气发酵微生物包括产酸菌和产甲烷菌两大类，它们都是厌氧细菌，尤其是产甲烷菌是严格厌氧菌对氧特别敏感。它们不能在有氧的环境中生存，哪怕是微量的氧存在也会使沼气发酵受阻，使它们的生命活动受到抑制甚至死亡。

342. 微生物主要有哪些特点?

微生物有 6 个特点：①种类多：据统计目前已发现的微生物有 10 万种以上，而不同类型的微生物具有不同的代谢方式，能分解各式各样的有机物质。人们能获得沼气也就是利用微生物的功劳。②繁殖快：只要有了适宜的条件，主要是温度、湿度、营养、酸碱度等，微生物繁殖一代只要几十分钟一整天就可以繁殖几十代。③分布广：在自然界中上至天空下至海洋，到处都有微生物存在。土壤是各种微生物的大本营，池塘、粪坑底下冒沼气就是微生物在活动。④容易培养：大多数微生物都能在自然条件下，利用简单的营养物质生长，并在生长过程中积累代谢产物。

但沼气发酵微生物很特殊，见氧气就死亡，要在隔绝空气具备营养和温度、湿度适宜的条件下才能生长。⑤力量大：虽然微生物个体微小，但是数量巨大且代谢能力很强。将作物秸秆预先堆沤几天，投入沼气池后 3 个月就被微生物分解转化由硬的物质变成软的了。⑥变化多端：如果沼气池里全部投放嫩青草或早春绿肥，那么全部是产酸的微生物在活动，即使产了气也不能燃烧。只要加入适量的石灰水和猪、牛粪产甲烷细菌就活动旺盛，所产的气就是沼气可以燃烧利用。总之，沼气发酵的目的是给沼气微生物创造一个良好的生活环境，使它保持旺盛的活力，以便多产气、产优质气。

343. 什么是沼气发酵？

沼气发酵又称厌氧消化，是指各种有机物在厌氧条件下，被各类沼气发酵微生物分解转化，最终生成沼气的过程。

344. 沼气发酵微生物的生长和代谢分哪四个时期？

可分为：①适应期，②对数生长期，③平衡期，④衰亡期。

345. 沼气发酵过程可分为几个阶段？

可分为：水解、产酸和产甲烷阶段。

346. 有哪五大类微生物参与沼气发酵活动？

参与沼气发酵活动的微生物是：①发酵性细菌；②产氢产乙酸细菌；③耗氢产乙酸细菌；④嗜氢产甲烷菌；⑤嗜乙酸产甲烷菌。

347. 沼气的发酵原料有哪几大类？

①按其物理形态分为固态原料和液态原料两类；②按营养成

分分为富氮原料和富碳原料；③按来源分为农村沼气发酵原料、城镇沼气发酵原料和水生植物三类。

348. 目前农村户用沼气池宜采用什么作为主要发酵原料？

农村家用沼气池宜采用粪便为发酵原料，不鼓励把农业秸秆投进沼气池，因为农业秸秆进池容易造成出料难；人畜粪便进池发酵，产生的沉渣和浮渣较少，能确保沼气池长期正常运行，进料、出料都容易，便于管理，产气稳定。

349. 什么是富氮原料？

富氮原料通常是指人、畜和家禽粪便这类原料，经过了人和动物肠胃系统的充分消化，一般颗粒细小含有大量低分子化合物——人和动物未吸收消化的中间产物，含水量较高。因此，在进行沼气发酵时它们不必进行预处理，容易厌氧分解，产气很快，发酵期较短。

350. 什么是富碳原料？

富碳原料通常是指秸秆等农作物的残余物。这类原料富含纤维素、半纤维素、果胶以及难降解的木质素和植物蜡质，干物质含量比富氮的粪便原料高，且质地疏松，比重小，进沼气池后容易漂浮形成发酵死亡——浮壳层，发酵前一般需经预处理。富碳原料厌氧分解比富氮原料慢，产气周期较长。

351. 什么叫原料产气率？

原料产气率是指原料中单位总固体或挥发性固体、化学需氧量、生化需氧量在发酵过程中的产气量。由于采用的发酵原料、温度、滞留时间等条件不同，其产气率也存在较大差异。

352. 沼气发酵的基本原理是什么?

沼气发酵是利用微生物在缺乏氧气的状态下生活和繁殖时，为了取得呼吸作用所需要的能量，而将高能量有机质分解转化为简单的低能量成分，从而释放出能量以供代谢之用，实质上是微生物的物质代谢和能量代谢的过程。

353. 为什么说沼气发酵菌对营养物质中的碳、氮的需要量必须维持在适当的比例?

氮素是构成沼气发酵菌躯体细胞质的重要原料，碳素不仅构成菌细胞质，而且提供生命活动的能量。沼气发酵菌消耗碳的速度比消耗氮的速度要快25～30倍。因此，在其他条件都具备的情况下，碳、氮比例配成25～30∶1可以使沼气发酵在合适的速度下进行。如果碳、氮比例失调，就会使产气和菌的生命活动受到影响。因此，制取沼气不仅要有充足的原料，还应注意各种发酵原料碳、氮比的合理搭配。

354. 为什么说沼气发酵要有必要的温度?

沼气发酵菌为喜温性，在8～60℃范围内都能发酵产气，并且温度越高、越活跃，产沼气量就越多。因此，作为常温发酵的农村户用沼气池应尽量使发酵温度保持在8℃以上。

355. 沼气发酵菌种适宜在什么样的酸碱条件下生长繁殖?

在沼气发酵中，菌种适宜在中性或微碱性的环境中生长繁殖。

356. 为什么说发酵原料必须满足20～30∶1的碳、氮比和满足6%～12%的发酵浓度?

人畜禽粪便、作物秸秆、青草、生活污水等有机物都可以作为发酵原料。但要使沼气正常发酵，必须满足 20～30：1 的碳氮比和 6%～12%的发酵浓度，夏季发酵浓度可适当低些，冬季可适当高些。如果碳、氮比和发酵浓度不适宜，就是沼气池建造的质量再好，也不会正常产气，产纯气，甚至还会造成不产气，产杂气等现象。

357. 什么是沼气发酵接种物?

所谓接种物是指沼气发酵所需要的含有大量发酵菌的厌氧活性污泥，也称菌种。足够和优良的接种物，是保证沼气池发酵和高效运行的前提。

358. 在哪儿采集沼气发酵接种物?

①沼气池、厕所、湖泊、沼泽、池塘底部；②阴沟污泥之中；③积水粪坑之中；④动物粪便；⑤屠宰场、酿造厂、豆制品厂、副食品加工厂等阴沟之中以及人工厌氧消化装置之中。

359. 沼气发酵可分为几个温度范围?

在 8～60℃的范围内，沼气发酵原料均能正常发酵产气。低于 8℃或高于 60℃都严重抑制发酵菌生存、繁殖，影响产气。在这一温度范围内，一般温度越高发酵菌活动越旺盛，产气量越高。发酵菌对温度变化十分敏感，温度突升或突降都会影响微生物的生命活动，使产气状态恶化。发酵温度分为三个范围：即 46～60℃称为高温发酵，28～38℃称为中温发酵，8～26℃称为常温发酵。

360. 什么是沼气发酵液的碱度?

碱度系指沼气发酵液结合氢离子的能力。沼气发酵液的碱度主要由碳酸盐、重碳酸盐以及部分氢氧化物所组成。

361. 户用沼气池的接种量一般多少为宜？

接种物用量，一般占总发酵料液的30%左右。

362. 沼气池发酵料液浓度为6%，每立方米料液原料配比量一般应是多少？

①鲜猪粪（千克/米^3），原料为333，加水625；②鲜牛粪（千克/米^3），原料为353，加水640；③鲜骡子粪（千克/米^3），原料为300，加水680；④鲜猪粪＋鲜牛粪＋鲜人粪（千克/米^3），原料为378，加水687。

363. 沼气池发酵料液浓度为8%，每立方米料液原料配比量一般应是多少？

①鲜猪粪（千克/米^3），原料为445，加水555；②鲜牛粪（千克/米^3），原料为470，加水530；③鲜骡子粪（千克/米^3），原料为400，加水590。

364. 沼气池发酵料液浓度为10%，每立方米料液原料配比量一般应是多少？

①鲜猪粪（千克/米^3），原料为555，加水440；②鲜牛粪（千克/米^3），原料为586，加水410；③鲜猪粪＋鲜牛粪＋鲜人粪（千克/米^3），原料为128＋400＋60，加水410。

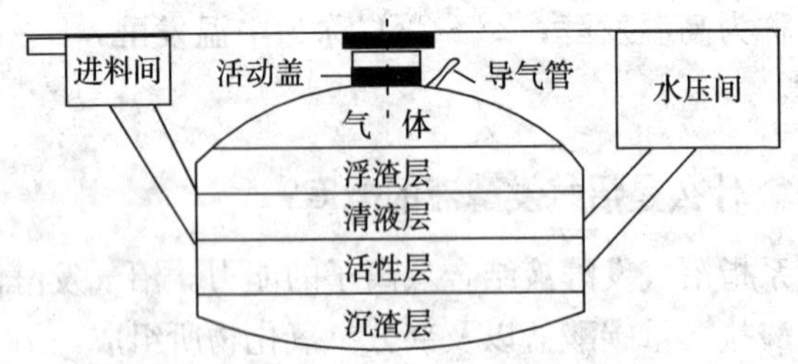

图20　沼气池发酵料液层次示意图

365. 沼气池发酵料液一般分为几层?

发酵料液在不搅拌的情况下明显的可分为 4 层：①浮渣层，②清液层，③活性层，④沉渣层。

366. 沼气池常用发酵原料所产沼气中甲烷含量是多少?

①牲畜粪便 55%左右，②猪粪 65%左右，③马粪 65%左右，④牛粪 60%左右，⑤人粪 50%，⑥谷壳 62%，⑦青草 65%，⑧麦秸 60%，⑨树叶 56%，⑩废物污泥 50%，⑪酒厂废水 58%，⑫玉米秸 50%。

367. 沼气池常用发酵原料的产气持续时间是多少?

①猪粪 50 天，②牛粪 80 天，③马粪 80 天，④人粪 28 天。

368. 沼气池一般每天投料量多少为宜?

由于各地气温、原料数量、种类的差异很大，为达到适宜的发酵料液浓度，一般一个户用 8～12 米^3 的沼气池每天需 20 千克或 2～3 天 60 千克猪粪便或一头牛的粪便，才能保证正常运行的发酵原料。

369. 沼气发酵原料的最适 pH 是多少?

沼气发酵原料的最适 pH 为 6.7～7.5，pH 过高或过低，发酵过程将会受到抑制甚至停止。最简单的判断方法可用市售 pH 试纸检测。

370. 如果采用秸秆为主进行沼气发酵怎样调整原料的配比?

原料的碳、氮比是秸秆类原料进行厌氧发酵的重要因素，因为作物秸秆的碳氮比通常较高，使发酵难于启动，而在实际应用中原料的碳、氮比调整至30∶1以下，可以取得较好的产气效果，人、畜、禽粪便是含氮量较高的原料，增加适当比例的人、畜、禽粪便可降低秸秆的碳氮比。实践证明，调整粪草比为2∶1为最适宜。

371. 以秸秆为主要沼气发酵原料如何堆沤处理启动沼气池？

①先将风干铡短或粉碎的作物秸秆铺于沼气池旁空地上，其厚度约30厘米左右，泼上拌和均匀的粪类原料、接种物和适量的水（其用水量以淋湿不流为宜，一般不得超过总加水量的1/3）。②拌料时要求边泼洒边拌匀，操作要迅速，以免造成粪液和水分流失。③堆好后用塑料膜覆盖进行堆沤处理，一般夏季沤2～3天、冬季5～8天。堆沤也可以在沼气池内进行，温度上升到40～60℃后即可加水调整pH随后将活动盖盖上封池，封池2～3天后就可在沼气灶上试气点火。

372. 户用沼气池采用的搅拌方法一般有几种？

目前户用沼气池采用的搅拌方法有4种：①机械搅拌，②液料搅拌，③气搅拌，④人工搅拌。

373. 户用沼气池严禁加入哪些物质？

户用沼气池严禁加入的主要是一些重金属离子、农药及一些有毒物质。

374. 沼气池密封起什么作用？

一是保证沼气发酵菌的正常生命活动；二是保证产生的沼气能有效地贮存起来，不渗漏跑掉。因此，沼气池的密封质量是沼气发酵能否成功的关键。

375. 如何解释"厌氧"?

所谓厌氧就是生物的整个生命活动都不需要氧气。沼气发酵菌需厌氧条件，氧气对它们的生命活动是有害的，这也是沼气发酵中要求沼气池要严格密封的原因之一。

376. 沼气发酵的基本条件是什么?

（1）严格的厌氧环境：微生物发酵分解有机物在厌氧的情况下才产生甲烷。沼气发酵中起主要作用的微生物都是严格厌氧的。

（2）充足和适宜的发酵原料：发酵原料是产生沼气的物质基础。沼气发酵菌需要从原料中吸取的主要营养物质是碳元素、氮元素和无机盐等。碳素多来源于碳水化合物，是细菌进行生命活动的主要能量来源。氮素多来源于蛋白质、亚硝酸盐和氨等无机盐类，是构成细胞的主要成分。为了满足沼气发酵菌对碳、氮比的要求，在投料时要注意合理搭配，综合投料才能获得较高的产气量。

（3）适量的水分：水分在沼气发酵中是细菌活动必不可少的环境因素。这是因为沼气发酵菌在生长、发育、繁殖和代谢过程中都需要有适当的水分；细菌分解有机物质产生沼气，也需要有一定的水分才能进行，如果含水过少发酵浓度过高，不利于沼气发酵菌活动，原料不宜分解，容易使浮料结壳而抑制发酵影响产气量。反之，浓度太低、水分过多发酵物质含量减少，会降低沼气池单位容积的产气量，不能充分利用沼气池的有效容积，所以说发酵液的干物质浓度以6%～12%为好。

（4）适宜的发酵温度：自然界中的微生物只有在一定的温度条件下才能生长繁殖，沼气发酵菌在8～60℃的范围内都能生长活动产生沼气。在这个范围内温度越高，原料分解速度越快，产气越多。沼气发酵的速度与发酵温度有密切的关系。

(5) 适宜的酸碱度： 沼气发酵原料的最适合 pH 为 6.7～7.5，pH 过高、过低发酵过程都将会受到抑制甚至停止。农村沼气池在正常发酵过程中，pH 有一个由高到低然后又升高，最后基本稳定的自然平衡过程，一般不需要进行调节。但用喂配合饲料的鸡粪、猪粪发酵，需要用草木灰、石灰水调节 pH 方能启动。

377. 在北方地区冬季沼气池保温可采取哪些措施?

在我国北方农村，由于一年四季沼气池温变化较大，产气率的变化也大。为了提高或保持池温，北方农村沼气池冬季可以采用以下几种措施：①沼气池附近设立排风屏障；②“一池三改”的猪圈上面及四周围墙要覆盖两层塑料薄膜，实践证明这样保温效果非常好。③沼气池及出料间周围要加盖两层薄膜，然后上面再堆放一些秸秆、麦秸等保温物料。

378. 沼气池发生产酸与产甲烷速度不平衡的根本原因是什么?

①如果发酵液中可分解的有机物浓度过高，产酸菌活动旺盛，产酸过快，会造成有机酸的积累，使发酵液酸化，pH 下降，产甲烷菌的活动受到抑制。这样就打破了产酸与产甲烷的速度平衡，导致沼气发酵运行过程的失败。②如果发酵液中可分解的有机物浓度过低，酸的生成满足不了产甲烷菌的需求，也会使沼气发酵的速率降低。

379. 怎样控制沼气池内产酸与产甲烷阶段的速度平衡?

①在沼气池启动时，一是投入原料底物的浓度不能太高，特别是含葡萄糖类等易生成有机酸的物质不能太多。二是要投入大量厌氧活性污泥，使发酵启动一开始就要使沼气池内具有较多的产甲烷菌群。②在沼气池运行阶段，一是要控制沼气池负荷，即

每单位体积沼气池每日投入有机物的量，使沼气池负荷不能波动太大。二是设法使沼气池内生长着的活性污泥，特别是污泥中的产甲烷菌保留于沼气池内，减少出料时微生物的冲出。当然要实现上述控制，就要根据原料性质的不同，采用不同的厌氧消化工艺以及运行管理措施才能达到沼气池的最佳产气效果。

380. 户用8米^{3}沼气池一般装料各以多少为宜?

①加入1.5～2米^{3}左右的人畜粪便；②0.8米^{3}的沼渣或污泥；③加水至距活动盖30～40厘米处，其比例为沼渣污泥∶人畜粪便∶水＝1∶2∶5，同时要保证适宜的发酵温度和酸碱度。

381. 沼气池接种物需要量较大时采用什么方法加以增殖?

可采用扩大培养的方法加以增殖。将选取的接种物按10%～30%的比例加入发酵原料中，经过厌氧培养到日产气量基本稳定，并且所产生气体甲烷含量在50%～60%时即告完成。接种物经一次扩大培养仍不够用时，可按此法进行多次扩大培养。

382. 什么叫沼气发酵的启动?

新建成的或已大出料的沼气池，从进料开始到能够正常而稳定地产气的过程称为沼气发酵的启动。

383. 户用沼气池的启动一般有几个环节步骤?

具体步骤：①准备发酵原料，②投料，③加水封池，④放气试火，⑤启动完成正常运转。

384. 如何增大沼气池的产气量?

为了增大沼气池的产气量，应尽量增大发酵间发酵料液的体积，即增大发酵间容积，所以对发酵间、贮气间和水压间的容积参数修正如下：在沼气气压为0帕时：①发酵间的容积应为85%～95%；②贮气间的容积不应大于15%；③水压间的有效寄存容积（容量）为该沼气池12小时总产气量，即日产气量的50%为宜。

385. 为什么提倡用纯粪便作为沼气发酵原料？

目前我国农村畜牧业的发展较快，牲畜粪便日益增多，为了实现自动进、出料和充分利用畜禽粪便资源，改善庭院生态环境，使沼气池多产气、快产气，充分利用气源发展多种经营、多种生产，提高经济效益，宜提倡利用多种纯粪便作为沼气池发酵原料。

386. 如何科学合理地向新建沼气池投料？其投料顺序怎样？

沼气池用户在往沼气池里投料时，一定要按照先后顺序进行。首先应根据发酵液浓度计算出水量，向池内注入定量的清水，然后将准备好的原料先投入一半搅拌均匀，再投入另一半接种物与原料混合均匀，照此方法将原料和菌种在池内充分搅拌均匀，然后将沼气池活动盖密封好，进、出料口盖上盖板。

387. 如何启动沼气池？

（1）如果采用单纯粪便做原料进行沼气发酵，沼气池的启动就比较简单，只要有足够量的接种物就可以了，接种物的量一般占发酵料液的15%～30%。可直接取正在运行的发酵池出料间料液即可。也可取来自池塘底部的污泥、粪坑底部的沉渣、城市下水污泥等做接种物进行富集培养，逐步扩大直到产生大量的接种微生物。投入的发酵原料总固体含量在6%左右，一般简单计算为投入1份粪便、3份水量，投料的总量达到沼气池容积的85%，就可以将沼气池的活动盖密封好，当沼气压力表的水柱压力差达到40厘米以上时，将气体全部放掉。此时的沼气不能点燃，是因为沼气池气室内的空气没被排放掉。当沼气压力再升高时随着气体中甲烷含量的增加，沼气即可点燃使用，正常情况下2～4天即可。

（2）以秸秆为主要发酵原料启动时，先将风干铡短或粉碎的作物秸秆铺于沼气池旁空地上，其厚度约30厘米左右，泼上拌和均匀的粪类原料、接种物和适量的水（其用水量以淋湿不流为宜，一般不得超过总加水量的1/3，在此用量范围内，冬季宜少）。拌料时要求边泼洒边拌匀，操作要迅速，以免造成粪液和水分流失。没有条件拌料入池的地方可用分层加料、分层接种的办法进行，先加一层秸秆再加一层粪类和接种物，每层不宜太厚并要层层踩压紧实。堆好后用塑料膜覆盖，进行堆沤处理，一般夏季2～3天、冬季5～8天。经过堆沤的秸秆体积减小便于入池发酵，在堆沤过程中发酵细菌大量繁殖，温度上升最高可达60℃。堆沤也可以在沼气池内进行，温度上升到40～60℃后，即可加水调整pH，如pH低于6，可适量加入草木灰、石灰水调整pH至7，即可将活动盖盖上封池，封池2～3天后就可在沼气灶上放气点火。

388. 为什么说沼气发酵要控制两个重要参数?

沼气池启动时发酵原料中要加入足够量的菌种外，还需要控制两个重要的参数：一个是发酵原料总固体浓度，一个是发酵原料酸碱度，常称pH。此外还要注意投料时的气温，特别是冬天宜选择晴天中午投料，料液浓度一般采用6%～12%。

389. 影响沼气池发酵原料pH变化的因素主要有哪些?

影响沼气池发酵原料pH变化的因素主要有以下几点：一是发酵原料的pH，有些原料中含有大量的有机酸，因而pH一般在3.5～5.5之间。二是在沼气池启动时投料浓度过高，接种物中的产甲烷菌数量又不足时，以及在沼气池运行阶段突然升高负荷，都会因产酸与产甲烷的速度失调而引起挥发酸的积累，导致pH下降。这往往是造成沼气池启动失败或运行失常的主要原因。三是进料中混入大量强酸或强碱。

390. 沼气池发酵液发生酸化或碱化的主要原因是什么？如何处理？

沼气池常出现产气点不燃等现象，重要的原因是未控制好发酵原料的浓度和酸碱度，而纠正这些毛病需要时间。调节的方法有：一是根据情况和酸化程度加石灰水或草木灰，前者用量要严加控制，一般是将石灰水逐量添加，一个家用沼气池石灰用量不要超过0.5千克，如加草木灰调节可先加20～50千克，测pH后视情况再适量增加。二是采取增温措施，提高池温到15℃以上，因酸化的程度不同调节所需时间也不一样。农户一般比较心急，还未等沼气池完全恢复又进行第二次调节，故常常出现反复的情况。所以，首次成功启动沼气池是沼气池正常运行的关键。

391. 常见沼气发酵原料的干物质浓度和含水量是多少？

①猪粪：干物质含量18%，含水量82%。②牛粪：干物质含量17%，含水量83%。③人粪：干物质含量20%，含水量80%。④秸秆：干物质含量82%左右，含水量18%左右。

392. 沼气池如何安全发酵？

①严禁向沼气池投放剧毒农药、各种杀菌剂以及对沼气发酵过程有影响的抑制剂，以免使正常发酵受到破坏甚至停止产气。如出现这种情况，应将池内发酵液全部清除，并用清水冲洗干净，重新投料启动。②禁止将电石入池以免杀死池内沼气发酵菌和引起爆炸事故。③某些农副产品，如菜籽饼（油饼）、棉籽饼、骨粉、过磷酸钙等入池后，容易产生有毒气体——磷化三氢，故不宜大量入池。④严防地面水（包括雨水、沟水）和屋檐水流入

沼气池内，淹没贮气间，冲淡浓度，降低池温，影响产气。

393. 沼气添加剂的作用有哪些？

有一些物质可以促进沼气池的发酵作用，例如一些酶类、无机盐类及一些对微生物来说高营养的有机物质。添加剂的使用可以加速物质分解提高产气率。

394. 沼气池为什么要实行严格的装料方法和启动步骤？

因为只有按照沼气池规定的装料方法和启动步骤进行，才能使一个新池或大出料后的旧池重新产气，进行正常运行，否则会影响产气或根本就不产气。到那时只有慢慢调节或重新装料启动。所以说，广大沼气池用户在装料启动时一定要按程序进行，以便一次成功产出优质气体来。

395. 对沼气池如何放气试火？

发酵池中的料液量应占池容积的85%，剩下的15%作为贮气间。加水后立即将活动盖密封好。当沼气压力表上的水柱达到40厘米以上时应放气试火。放气1～2次后由于产甲烷菌种数量的增长，所产气体中甲烷含量逐渐增加，所产的沼气即可点燃使用。当池中所产沼气量基本稳定说明沼气池内微生物数量已经趋于平衡，pH也较适宜，这时沼气发酵的启动阶段结束进入正常运转（试火应在灶具灯具上试火，切忌在沼气池导气管直接点火）。

396. 沼气燃烧时有哪些特点？

①由于沼气发酵原料不同其甲烷含量也不同，因而沼气燃烧的热值变化较大。②沼气池的压力随产气量的变化而变化，而产气量的多少又随发酵条件而变化。③沼气池内压力与池的容积、产气量、燃具负荷及起始压力的变化有关。沼气池的空间越大，沼气的存量越多，沼气压力下降的就越慢。反之，沼气压力下降

的越快。同样燃具热负荷越大，沼气压力下降越快。④沼气在燃烧过程中容易发生脱火现象。因此，新建的或大换料后的沼气池，重新装料后在用气前一定要放气试火。把多余的二氧化碳放掉，而当甲烷的含量在沼气中增到一定量时（一般甲烷含量在沼气中占50%～70%）即可使用。

397. 沼气池第一次启动时为什么提倡采用牛粪、马粪、猪粪，忌用鸡粪和人粪？

沼气池用于启动的第一池原料应尽量采用纯净的牛粪或马粪，或者用1/2的猪粪，搭配1/2的牛、马粪混合后启动，切忌用鸡粪和人粪启动，因为这类原料在沼气发酵菌的作用下，料液容易酸化使发酵不能正常进行。不论用猪粪或牛粪启动都应进行池外堆沤（夏季2～3天，春、秋季6～8天），堆沤时往粪堆上泼水保持其湿润，并加盖塑料薄膜以聚集热量和富集菌种。

398. 沼气池中猪粪有时难发酵是什么原因？

猪粪是产沼气的很好的发酵原料。但是，随着养猪新技术的推广，“全价配合饲料”被广泛应用，有些饲料生产厂家为了使自己的产品被猪吃后长得快、出栏早、销售市场好，就在饲料中添加了超过国家标准规定的多种元素，如防腐剂、驱虫健胃剂、盐、铜、硒、磷、豆粕、菜粕、骨粉等，有些成分含量较高猪吃后残留在猪粪中，使猪粪里含有杀菌和强烈抑制甲烷菌生长繁殖的元素，并产生其他有毒气体，有时猪粪入池3个月后也很难正常发酵产气。使用传统的配方饲料“青杂糠＋饲料”，喂饲产生的猪粪，入池3～5天后就能正常产气。

399. 沼气池中猪粪有时难发酵如何处理？

①应将猪粪在池外预处理15天左右，让有害物质在预处理池内沉淀，使有毒气体挥发。②猪食用的配合饲料中蛋白质含量

很高，必须增大碳、氮比，多投入牛粪和其他植物秸秆，把碳、氮比从13∶1调到25∶1左右。③低浓度启动高浓度运转。将预处理的猪粪投入池内1/2、增大甲烷菌种量等办法，就能使沼气池正常发酵产生沼气。

400. 沼气池装粪越多产气越多，这种看法对吗？

这种看法不正确。实际上一次性进粪过多，会造成一些沼气池有气点不着火。沼气池发酵生产沼气是一个依靠细菌进行厌氧消化的过程，厌氧细菌占不到足够的比例就生产不了沼气。特别是冬春季节气温偏低时，细菌繁殖缓慢，沼气池消化能力差，进粪时更应精心，平时应根据用气情况进粪，只要所产沼气能够满足需要就不要进粪或少进粪。进粪时要注意观察沼气灶燃烧情况，若沼气灶风门可以全部打开，电子点火一打就着，说明沼气质量较好（沼气中甲烷含量较高）；若沼气灶风门最多可以打开一半，再开火苗就会熄灭或一半着一半不着，电子打火装置也打不着火需用明火才能引燃，说明沼气质量较差（沼气中甲烷含量较低），沼气池中的菌种偏少。这种沼气池最好不要进生粪，可找一些沤黑的熟粪加入或加一些发黑的沼液水，多加搅拌以提高其消化能力。

401. 什么叫沼气发酵促进剂？

沼气发酵促进剂（也称添加剂）是指在沼气发酵过程中用量很小，能促进有机物分解并提高产气量的那些物质。

402. 沼气发酵促进剂的作用是什么？

沼气发酵促进剂在沼气发酵中的作用是：①改善沼气发酵菌的营养状况，满足其营养要求，为沼气发酵菌提供促进生长繁殖的微量元素；②改善和稳定产甲烷菌的生活环境加速新陈代谢，可有效解决目前沼气池普遍不产气、产气效率低、新池难启动等诸多技术难题，在实际应用中有显著的效果。

403. 沼气发酵促进剂的使用特点是什么?

①启动发酵速度快：投入促进液2～3天（冬季3～5天）即可明显提升产气量；②温度适应范围广：即使在12℃以下的低温，都能有效促进沼气发酵；③效果明显：投入促进剂后沼气产生增量能达到1倍左右；④操作简单：无需人工培养菌，稀释后即可直接投放；⑤安全无毒：全天然生物制剂对人畜和环境无害可以安全降解；⑥变废为宝：经过促进剂分解发酵后的沼渣和沼液是最好的微生物肥料。

404. 如何往沼气池中添加沼气发酵促进剂?

①在入冬前建的新池或大换料后的旧池，在装料启动时由于当天装料时间不同（上午或下午）、气温高低不同、发酵原料的成分不同、浓度不同、水的温度不同、酸碱度的不同、接种量多少不同等都可能引起新池或大换料后的旧池产气慢、产气少等现象的出现，如果这种现象持续一定时间，就要适当添加沼气发酵促进剂。②在添加沼气发酵促进剂时，要按照发酵促进剂产品说明书进行，一般添加方法是：先按产品说明书要求的添加量先添加50%左右，如果3～5天后产气不断上升，就不要再添加了，如果3～5天后产气上升缓慢，再把剩余部分加进沼气池内进行充分搅拌就可以了。

405. 往沼气池内加沼气发酵促进剂有几种方法?

有三种方法：即可从进料口、出料口及天窗口加入。

406. 如何促使沼气发酵促进剂在沼气池内发挥作用?

通常采用的方法就是快速搅拌。具体方法是：①首先用半盆温水把沼气发酵促进剂倒进盆内搅拌均匀后，把天窗口打开倒进沼气池内，然后用长棍进行快速搅拌均匀，加盖封口。这里要说明的是一定要注意安全，防止被池内沼气熏着。②促进剂经盆内温水搅拌均匀后，从进料口倒入沼气池内然后用长棍从进料口插入池内，来回用力抽动数十次，以达到均匀搅拌池内发酵促进剂的目的。③沼气发酵促进剂经盆内温水搅拌均匀后，从出料口和进料口同时各倒入一半，进、出口同时搅拌然后从出料口排出一定数量的沼气发酵液，再从进料口把原沼气发酵液冲入池内，也可以起到搅拌池内沼气发酵促进剂的作用。

407. 常用替代沼气发酵促进剂的食品下脚料有哪些?

①热性发酵原料。豆腐坊、酒坊、粉坊、屠宰场的下脚料、废水及牛粪等直接加入沼气池内，可提高池温增加产气量。②麦麸或米糠。麦麸含粗蛋白 13.5%、粗纤维 10%，投入沼气池可产生醋酸并进一步形成沼气。按每立方米料液加入 0.5 千克计，用水搅拌后投入池内可增加产气量。

408. 常用替代沼气发酵促进剂的农作物废料有哪些?

在进料口处加一个预处理池将稻草、青杂草、烂菜叶、甘薯藤、水葫芦、玉米秸秆等有机物浸泡池中，让浸出液流入沼气池中，可提高产气量 10%～20%左右。

409. 常用替代沼气发酵促进剂的热性物质有哪些?

①碳酸氢氨。对于以秸秆等纤维性原料为主要发酵原料的沼气池，因原料碳、氮比较高，加入 0.1%～0.3%的碳酸氢氨，可降低原料碳、氮比值，促进发酵，提高产气量 10%～30%左右。②煤粉。煤除含有大量的碳、氢、氮外还含有一些微量元素，在沼气池中加入少量煤粉，可改变沼气发酵菌的环境，诱导和促进酶活动，加速有机物分解，提高产气量。③硫酸锌。主要作用是促进沼气发酵菌的生长，加速纤维素分解和形成甲烷，添

加量为0.01%。

410. 一个8米^{3}的沼气池以秸秆为主要发酵原料每年需要多少秸秆?

为保证沼气池正常产气，秸秆利用时须粉碎或铡成2～3厘米的短节才能使用，以免发酵残余物难以取出。秸秆是农作物光合作用的产物，贮存有丰富的有机物质、矿物养分和热能，以秸秆为主要发酵原料的农户，每年至少需要500千克以上作物秸秆做发酵原料。

411. 秸秆原料预先沤制后投入沼气池有哪些好处?

①在预先沤制过程中可以促进发酵菌大量生长繁殖，起到增加富集菌种的作用；②预先沤制的原料进沼气池后可起到减缓酸化的作用，有利于沼气发酵过程中的酸化和产甲烷的平衡；③发酵原料经预先沤制后纤维素变松散，扩大了纤维素分解菌与纤维素的接触面，可加速对纤维素的分解速度，加速沼气的发酵；④预先沤制的纤维素原料会增加含水量，不易造成浮面结壳；⑤原料预先沤制后体积缩小便于装池。

412. 温度对沼气发酵有哪些影响?

当温度升高时沼气发酵菌的生命活动旺盛，发酵原料的发酵速度加快，沼气池产气量大，发酵周期就短；当发酵温度较低时发酵原料的发酵速度放慢，沼气池产气量少，发酵周期较长。

413. 如何使新建沼气池尽早产气?

首先要建造一个不漏水、不漏气的密闭沼气发酵池，当沼气池在第一次投料时要加满水再封盖，以便把空气全部排净。随着产气的增多，把多余的水从水压间取出。取出水的体积为沼气池主池容积的10%为宜，这样做可使沼气池提前2～3天产气。

第五章　沼气池的日常管理

414. 为什么说沼气的安全使用是头等大事?

"安全第一"，这是生产和利用沼气中必须遵循的基本方针。一些地方因对沼气特性和安全使用的科学知识宣传不够，曾发生多次因农民缺乏安全使用沼气知识而引起的中毒、窒息、火灾、淹溺等严重安全事故，造成财产甚至生命的重大损失。因此宣传和普及安全使用沼气的科学知识，是发展沼气中必须高度重视和认真抓好的工作。

415. 为什么要加强沼气发酵的日常管理?

沼气池能否常年正常运行持续不断地供应充足的沼气和沼肥，关键问题是对它进行科学的日常管理。只有日常管理好，才能保证稳定均衡地供气、供肥。因此，在沼气池发酵过程中需要注意控制和调整发酵条件，维持发酵产气的稳定性，使沼气池产气纯、产气旺。

416. 为什么说沼气池是"三分建池，七分管池"?

加强沼气的日常管理，是促进沼气事业发展的关键措施。"三分建池，七分管池"，是说明"管理"的重要性。"管"是沼气建设"建、管、用"的中心环节。

417. 沼气池为什么要经常出、进料?

要保证沼气发酵菌有充足的食物和进行正常的新陈代谢，使产气正常而持久，就要不断地补充新鲜的发酵原料，更换部分旧料做到勤出料、勤加料。

418. 如何掌握沼气池日常出、进料的时间、数量？

根据农村家用池发酵原料的特点，一般每隔 3～6 天进、出料各 5%为宜。也可按每立方米沼气量进干料 3～4 千克计算。对于“三结合”的池子由于人、畜粪尿每天不断自动流入池内，因此平时只需添加堆沤后的秸秆发酵原料和适量的水，以保持发酵原料在池内的浓度。同时也要定期小出料以保持池内一定数量的料液。

419. 沼气池日常出、进料应注意哪些问题？

①原则上是出多少进多少，顺序为先出后进；②出料时应使剩下的料液液面不低于进料管和出料管的上沿，以免池内沼气从进料管和出料管跑掉；③出料后要及时补充新料，若一次发酵原料不足，可加入一定数量的水以保持原有水位，使池内沼气具有一定的压力。

420. 沼气池大出料时应注意哪些问题？

为了满足沼气发酵菌的新陈代谢和农田季节用肥的需要，一般大出料的时间安排在春季和秋季进行。①大出料前 20～30 天应停止进料，以免浪费发酵原料。②大出料后应及时加足新料，使沼气池能很快重新产气和使用。③大出料时应清除沼气池内的残渣和部分料液，要留下 10%～30%以活性污泥为主的料液作为接种物，以加快沼气池的启动做到产气快。

421. 什么是机械搅拌？

机械搅拌是通过机械装置运转达到搅拌沼气池搅拌的目的。

422. 什么是液体搅拌?

液体搅拌是从沼气池的出料间将发酵液取出，然后从进料口冲入沼气池内，产生较强的液体回流达到搅拌的目的。

423. 什么是气体搅拌?

气体搅拌是将沼气从池底部冲进贮气间，产生较强的气体回流达到搅拌的目的。

424. 对沼气池为什么要经常搅拌? 其作用是什么?

搅拌是提高沼气池产气率的一项重要措施。如不经常搅拌就会使池内浮渣层形成很厚的结壳，阻止下层产生的沼气进入贮气间从而降低产气量。所以说对户用沼气池要经常搅拌，一般夏季3～5天、冬季5～8天各搅拌一次为宜，以便提高产气率。

425. 对户用沼气池进行经常性搅拌的方法有几种?

农村户用沼气池一般没有安装搅拌装置，可用下面两种方法进行搅拌：①从出料间掏出数桶发酵液，再从进料口将此发酵液冲到池内，起到搅拌池内发酵原料的作用。②用长棍或其他用具，从进料口和出料口分别插入池内，来回用力抽动数十次，以达到搅拌的作用。

426. 为什么要经常测定沼气池内发酵液的pH?

因为沼气发酵菌适宜在中性或微碱性环境条件下生长繁殖（pH6.7～7.6），如果酸碱不适宜（pH小于6.5或大于8）对沼气发酵菌活动不利，会使产气率下降。所以说无论任何池型的沼气池，在使用过程中都要经常不断地用pH试纸测定发酵液的酸碱度，以便及时调整，给沼气池产气创造一个适当的环境，使其产出更多更优的沼气来。

427. 如何调节沼气池内发酵液的酸碱度?

调整沼气池发酵液的酸碱度有5种方法，每次调节可采用其中一种方法。①加入适量的草木灰并搅拌均匀。②取出部分发酵原料，补充相等数量或稍多一些的含氮发酵原料和水。③将人、畜粪尿拌入草木灰一同加到沼气池内，不仅可调节酸碱度同时也可以提高产气率。④加入适量的石灰水，但不能加入石灰而是加入石灰水的澄清液，同时还要把加入池内的澄清液与发酵液混合均匀，再用酸碱度（pH）试纸检查发酵液的酸碱度，避免强碱对沼气发酵菌活动的破坏。⑤适当多加些接种物。

428. 为什么说在沼气池正常运行供气1个月后要及时补充发酵原料?

因为沼气发酵原料在沼气池内经过1个月的正常供气，使有机物质消化过多，如果不及时补充发酵原料会使酸碱度逐渐上升，当酸碱度大于8时发酵原料碱性过大，这时会直接影响沼气发酵菌活动。所以说这时要向沼气池内加些新鲜牛粪、马粪、猪粪等发酵原料，并加水调节其浓度，以便使沼气池连续不断产气、供气。

429. 沼气池为什么要经常调节水量?

沼气池内水分过多或过少都不利于沼气发酵菌的活动和沼气的产生。若含水量过多，发酵液中干物质含量少，单位体积的产气量就少；若含水量过少发酵液太浓，容易积累大量有机酸发酵原料的上层就容易结成硬壳，使沼气发酵受阻影响产气量。

430. 为什么说正在使用沼气时不宜出、进料?

正在使用沼气时不要出、进料，尤其不能快速出料，因为出、进料会引起出现负压导致回火爆炸损坏沼气池。

431. 如何提高沼气池产气率？方法是什么？

如何使沼气池多产气，产优质气这是池户最关心的问题，除本书中已介绍的各种形式的多产气的方法外还有以下几点：

（1）添加碳酸氢铵、尿素：沼气池发酵1个月后，加入一定数量的碳酸氢铵或尿素、氨水等含氮化合物，可提高产气量15%～35%左右。添加量为每立方米发酵液加1～3千克碳酸氢铵或0.3～1千克尿素。添加时先将碳酸氢铵或尿素装入小塑料袋内，扎紧袋口用大头针在底部刺10～30个小孔，然后从进料管或天窗口投入沼气池底部，让其缓慢溶解释出供沼气发酵菌利用。

（2）添加硫酸锌：锌在沼气发酵过程中能促进纤维素的分解、乙酸的形成和转化，提高脱氢酶的活力，同时能促进菌体DNA的合成，较大地增加菌体量。添加量为0.005%，沼气产量可提高4%，添加量为0.01%时，沼气产量可提高40.2%；如果再增加添加量不仅不能提高沼气产量，相反还起毒害作用。

（3）添加钾、钠、钙、镁：它们都能对沼气发酵起刺激作用，均可不同程度地提高产气量、甲烷含量以及有机质的分解率。添加浓度是：钠100～200毫克/升、钾200～400毫克/升、钙100～200毫克/升、镁75～150毫克/升。如无钾、钠、钙、镁，可添加磷矿粉、磷酸氢二钾、碳酸钙、高锰酸钾、炉灰等含钾、镁、钙、钠元素的化合物。

（4）添加活性炭：活性炭是利用木屑、竹皮、果壳等副产品作为主要原料，经过化学和物理方法制成，投入沼气池可提高产气量。

（5）添加纤维素酶：在沼气发酵液中添加纤维素酶，能促进纤维素分解，提高稻草的利用率，使产气量提高15%～35%。

（6）添加液料：在沼气发酵过程中添加稻草和稻壳的浸出液，可增加产气量15%～35%。

（7）加工投料：将投料加工后投入池中，如麦草粉碎入池可提高产气率15%，玉米秆粉碎入池可提高产气率8%。

(8) 添加麸皮：麸皮含粗蛋白13%，粗纤维含量为10%，投入沼气池产生醋酸作用。沼气池每立方米麸皮用量为0.5千克，用水搅拌后投入池内可增加产气量。

(9) 适当搅拌：实践证明，搅拌与不搅拌比较，总产气量可提高15%～35%。

(10) 加入碱性物质：如向池内加入适量的石灰水、白云石等可增加矿物元素，还可以调节pH又能形成脂肪酸盐类，为产甲烷菌提供营养，有利于产气量的提高。

(11) 加油饼：以牛粪为原料的沼气池中加入少量的油饼增加氮素，可以提高产气速度和甲烷的含量，但油饼中含磷素丰富不能加得过多。

(12) 加动物粪尿：加动物粪尿刺激沼气发酵菌的活力或加入鸡、鸭粪等热性肥料，可提高沼气的产量。

(13) 利用太阳能：沼气池与太阳能接收器相结合，可提高池温增加产气量。

432. 如何安全使用沼气？

沼气是一种“看不见、摸不着”的易燃易爆的气体燃料，可以用来煮饭、照明，还可以用来启动内燃机发电加工等。然而沼气也同电一样，若能掌握它的“脾气”，它就乖乖的为人类服务，如果使用不当容易造成失火事故。同时沼气池中含有一定的二氧化碳和硫化氢等有毒气体，若是缺乏氧气就会造成人、畜中毒，严重的会造成死亡。所以，在制取和使用沼气时务必注意安全及采取保护措施。

433. 为什么说新池或大换料后的旧池必须在入冬之前装料启动？

因为新池或大换料后的旧池，如果不在入冬前装料启动，使空池过冬或冬季装料太晚不能启动，将会造成沼气池干裂、起皮或冻裂等现象，影响以后的使用效果，甚至会出现池子漏水、漏气现象。因此，无论新池、大换料后的旧池或维修后的沼气池都必须在入冬之前及时装料启动。

434. 新池或维修后的旧池在入冬前装料后启动慢怎么处理？

如果入冬前装料后启动慢、产气少，可以加强保温措施和加一定量的热性物料或沼气发酵促进剂等以便使池子尽快多产气，有时气温回升后也能正常产气。

435. 新池或大换料后的旧池在入冬前装什么发酵料为最适宜？

入冬之前装料，要有30%以上的原沼气池沼液和选择一些热性原料粪便装入沼气池进行启动，如牛粪、马粪等粪便。

436. 入冬前装料为了尽快启动沼气池应注意哪些事项？

①要有30%以上正常产气的沼气池沼液作为接种物；②投入的发酵原料最好是牛粪、马粪或50%猪粪；③给沼气池加水最好用温水或深井水（水温微高一点）以便提高池内发酵液温度促使早产气；④往沼气池装料的时间最好在上午10点以后或下午14点之前；⑤装料后要对沼气池和出料间采取保温措施；⑥及时检查料液浓度和酸碱度是否正常以便及时调整。

437. 冬季沼气池正常产气时多少天搅拌一次？

由于冬季沼气池内料液浓度高需要经常搅拌，一般情况下选择晴天12点左右，掀开保温层进行搅拌并及时覆盖，搅拌间隔时间为5～8天。

438. 冬季沼气池出、进料应注意什么?

冬季沼气池出、进料要做到小出料、小进料以便保证正常产气的池温，料液浓度一般要达到10%～12%左右。

439. 沼气安全操作规程是什么?

沼气是气体燃料，若不掌握安全使用常识，将会带来灾害。其具体操作规程如下。

(1) 防工伤事故: 沼气池放样应根据房屋的高度和地基土质情况，确定沼气池址与房屋基脚的距离开挖池坑，不要骚动原土要快挖快建，禁止在池坑附近堆放重物，土质不好的要采取加固措施防止塌方。

(2) 安全发酵: 新池投料或旧池大换料应在气温15℃以上或温度较高的季节进行，发酵原料必须堆沤3～8天并加30%的接种物（活性污泥）加速启动产气，严禁向沼气池投入农药、杀虫剂、杀菌剂以及对沼气发酵过程有影响的抑制剂（如韭菜、葱、蒜、辣椒、萝卜、番茄、百部等秸秆及烂叶），使正常发酵遭到破坏甚至停止产气，如出现这种情况应将池内发酵料液全部清除，并用清水冲洗干净重新投料启动。

(3) 防止池体破裂: 沼气池加水试压和进、出料不能过快、过猛，当料液淹没进、出料管下口时，更要放慢速度以免池内气体压力突然增加或减少造成池体破裂。在大量进、出料时要揭开活动盖，出料后要及时进料防止地下水拱坏池体。

(4) 防止回火入池爆炸: 新池装料或旧池换料以后开始产出的气主要是二氧化碳，应先放气1～2次，鉴别是否产燃气只能用输气管接到沼气灶具上做点火试验，严禁在进、出料口和拱顶导气管口点火以免回火入池，使池内气体猛烈膨胀爆炸破坏池体。

(5) 防止烧伤和火灾: 沼气中的可燃成分与空气中的氧结

合，在一定的条件下发生燃烧和爆炸，所以绝对不能在已经产气的沼气池旁边使用明火或在沼气灯、灶的旁边堆放易燃物品，下池出料、检修只能用手电筒或镜子反光照明，严禁点油灯或蜡烛更不准点火吸烟，以免发生烧伤和火灾。要经常检查输气管道和开关防止漏气着火。如进入室内闻有臭鸡蛋味（沼气中的硫化氢气味）应立即打开门窗排除沼气，这时绝不能在室内点火、吸烟以免发生火灾。若不慎着火应先关好开关切断气源把火扑灭。

（6）防止窒息中毒：沼气是一种混合气体，其中含55%～70%的甲烷，其次是二氧化碳和少量的氢、氮、硫化氢、一氧化碳等。甲烷虽是无毒气体但空气中沼气的浓度达到30%时可使人麻醉；超过70%时可使人窒息死亡。同时一氧化碳、硫化氢、磷化三氢是有毒气体，人不可随便下池，人一旦进入正在产气的沼气池就会因缺氧而窒息死亡。沼气池进料发酵以后严禁入池装料，若要继续装料只能从进料口或活动盖口加入。平时出料有出料装置的池用出料器抽沉渣，无出料装置的池用长柄尼龙网袋从水压间出料口伸入池底捞出沉渣，做到出沉渣与出沼液相结合。换料或维修需入池时应先把沼气用完，揭开活动盖数小时换入新鲜空气，再从水压间出料口掏出沼液、沼渣使进料管下口、出料口露出池底，待池内空气流通后，再将青蛙、兔子、鸡等动物放入池内试探50分钟，如动物无异样反映人才可以入池，入池人员要拴好安全绳并有2～3人在池外监护，如有紧急情况由监护人员从活动盖口将人提出，如人在池内工作时感到头昏、发闷要马上出池休息。

（7）防止人畜掉入池内：沼气池进料口、水压间、贮粪池一定要加盖板，防止人、畜掉入池内，并教育小孩不要到沼气池旁边玩耍。

440. 为什么说在沼气池日常管理中要加强搅拌工作？

在沼气池内发酵料液将明显地分为4层：即浮渣层、清液层、活性层和沉渣层。厌氧微生物活动较为旺盛的范围只限于活性层内。只有充分搅拌才能使物料充分混合，使温度和 pH 保持均匀，有利于微生物与物料接触，加速物料的分解，提高产气量。实践证明，经常搅拌产气量可提高 15%～35%。

441. 为什么说沼气池的日常管理要始终突出"勤"字？

有少数沼气用户认为只要把沼气池建好不漏水、不漏气，投了发酵原料后不需要管理，就可以长期使用沼气。由于存在这种错误的认识，才使得这部分沼气农户懒得管理沼气池，以致他们不会管理。当沼气池出现问题时，有的池户就停止了使用，造成了经济损失。多产气、产纯气的正确做法是：一要有充足的发酵原料，二要勤进料、勤出料，三要勤搅拌，始终要做到一个"勤"字。

442. 沼气池的发酵管理如何进行？

（1）及时添加新鲜原料。一般新池投料或沼气池大换料后 30 天左右，当产气率明显下降时应及时添加新鲜原料，要求 3～5 天加料一次每次加料量占总发酵液的 3%～5%，在此用量范围内冬季宜多、宜干（可以 6～9 天加一次）。"三结合"沼气池从启动开始便可陆续向池内进料，但应对每天进料量作一估计，当累计进料量达到池容的 85%～95%时开始出料。若进料量不足应增加生猪饲养量供应足够的粪便原料入池，万一来不及也可补加牛粪、鸡粪、鸭粪、兔粪、酒糟、豆制品废水等易进易出的发酵原料，使进、出料量大体一致。添加新料时切忌加大用水量以免降低发酵浓度，影响产气效果。

（2）注意检查发酵液的酸碱度。配料不当或突然变换添加原料都会影响发酵液的酸碱度，酸碱度的检查可用 pH 试纸，若偏酸时应加入适量的草木灰或石灰水等调节 pH 至正常范围内。偏碱时可加入适量的蚕沙等原料加以调节。

(3) 适当搅拌。无搅拌装置的沼气池可用长柄竹木器从进、出料口伸入池内来回搅动，每次30～50下。大出料口沼气池可做一根长柄直角搅拌杆从出料口伸入池内顶破浮渣结壳。在冬季无论采取何种搅拌方式都应选择晴天，5～8天进行一次，以免降低池温使产气量下降。如果浮料结壳严重应打开活动盖破坏结壳层。

(4) 检查是否漏气。当采用正确的发酵、管理方法而沼气池的产气量明显下降或用气效果不好时，应认真检查沼气池是否漏气，导气管和池盖连接处、输气管和开关是否漏气，发现问题要及时修补或更换。

443. 沼气池出、进料的原则是什么?

沼气池进料、出料的原则是：先出后进，进料量与出料量相等。

444. 正常使用的沼气池为什么要经常进行潮湿养护?

如果沼气池是水泥结构，建成后就需要进行潮湿养护。因为水泥是一种多孔性建筑材料，过于干燥会使毛细孔开放，从而发生沼气渗漏现象。常用的保湿方法是，将沼气池顶覆土经常保持湿润状态。

445. 为什么建成后的沼气池不能空池曝晒、空池过冬?

新建的沼气池或大出料后的池子，经检查验收合格后应立即装料、装水，不要空池曝晒、空池过冬，否则池子的内外压力失去平衡损坏池墙或被地下水将池底损坏，用时就会发生沼气渗漏现象。

446. 沼气池大换料时应注意什么问题?

采用猪、牛粪原料发酵的沼气池，每年一般在春季或秋季用肥时大换料 1～2 次。换料时应注意：①在寒冬季节若无保温设施不宜大换料，否则启动不好影响产气效果。②要“先备料，后出池，不备料，不出池”，做到随出随进。③“三结合”沼气池在换料前 1 个月内停止人、畜粪便流入池内，为大换料后准备发酵原料也防止寄生虫和病原菌入池。④大出料时要留 10%～30%以上的池底活性污泥或 30%的发酵液做重新投料启动的接种物。⑤换料时要对池内外结构进行检查，人下池前一定要进行动物下池安全试验，若发现裂缝应及时修复，未刷密封涂料的沼气池可用 20 千克左右的浓水泥浆进行一次粉刷。然后用广西“火龙”牌密封涂料再在池内横、竖各刷一遍。

447. 如何做到沼气池安全管理和安全用气？

①沼气池的进、出料口要加盖，这有助于保温。②要经常观察水柱压力表。当池内压力过大时不仅影响产气甚至有可能冲开池盖。如果池盖被冲开应立即熄灭附近的烟火以免引起火灾。在进料和出料时也要随时注意水柱压力表上的变化。在进料时如果压力过大，应打开导气管放气并要减慢进料的速度。出料时如果水压表上出现负压则应暂停用气等到恢复正常后才能用气。③严禁在沼气池出料口或导气管口点火，以免引起火灾或造成回火致使池内气体猛烈膨胀爆炸破裂。④沼气灯和沼气灶不要在衣架、柴草等易燃品附近，点火或燃烧时也要注意安全，特别应经常检查输气系统是否漏气和是否畅通，若有漏气应及时采取措施使空气流通充分换气后才能点火，若发生导气管道堵塞应马上疏通。

448. 沼气池为什么要保持一定的温度？

目前，我国农村家用沼气池多数建于地下受地温影响较大，一般池内发酵原料温度保持在 10～27℃之间沼气发酵才能正常进行。北方地区冬季气温低使池内温度随着降低，如低于 10℃

以下沼气池就不能正常产气，必须采取保温和增温措施，才能保证沼气发酵菌的正常活动以利于正常产气。具体保温措施是：①如果不是“一池三改”沼气池可在池体上堆柴草并在迎风面修筑挡风屏障。②如果是“一池三改”的沼气池可在猪圈上面和围墙四周搭盖塑膜两层，这样不仅可提高沼气池内发酵原料的温度保证正常产气，更有利于提高猪舍温度有利于猪的生长，冬季沼气发酵与温度有着密切关系，温度是影响沼气产量的一个重要因素。

449. 沼气压力高说明沼气池内沼气多，这种看法对吗？

目前我国农村90％多为水压式沼气池，有些用户认为沼气压力越高池内沼气越多，其实压力高并不完全代表产气多。国家标准规定的最大承受压力为8～12千帕，超过12千帕就是超过了设计承压，就有撑坏沼气池的危险。同时，处于高压状态时主池中大部分容积成了储气间，发酵容积的减少会影响单位池容的产气量。因此，为避免压力过高，在建池时应注意进、出料管不要插得过低，以池墙中部偏下为好。水压间容积不能过小，水压间容积如果过小压力上升得快，使用时下降得也快。一般水压间的有效容积（即零位线以上的容积）要约等于主池容积的15％；水压间溢粪口不要留得过高，当沼气池压力升到10千帕时开始溢粪，如果达到12千帕时还不溢粪说明溢粪口偏高。

450. 有人认为沼气池也就是2～3年的寿命，这种看法对吗？

这种看法是错误的。因为很多用户抽粪时不看压力表，抽过粪后沼气池压力上升慢，便认为没有新池好用了。其实是抽粪时把池内压力抽成了负压，池内成了真空，造成粉刷层脱落密封性变差。所以，从沼气池的水压间里往外抽粪或取沼液时，一定要在压力表气压下降至1千帕时停止抽取。

451. 为什么要严禁在沼气池导气管口试火?

如果在沼气池导气管口试火会引起回火入池，致使池内气体猛烈膨胀爆炸破裂，造成沼气池报废，甚至伤害人员。

452. 使用沼气的安全措施是什么?

①沼气灯具不能靠近柴草、衣服、蚊帐、汽油、柴油等易燃物品，特别是草屋灯具与屋顶至少应保持 1 米的距离。②沼气灶要安放在专用灶台上使用，不要在书柜上、床头煮饭、烧水。③沼气阀门应安装在安全的位置（稍高一点，防止小孩乱开），用气后要及时关阀门防止沼气在室内扩散，如忘记关闭阀门造成沼气充满居室可能会引起火灾。④要经常检查输气管、阀门及其附件有无漏气现象，如输气管被老鼠咬破或老化破裂应及时更换，火种不能靠近输气管，防止管道漏气引起火灾。⑤使用沼气的厨房要保持空气流通，如进入室内闻有臭鸡蛋味（即沼气中的硫化氢气味）应立即打开门窗排除沼气，这时绝不能在室内点火、吸烟以免发生火灾。⑥沼气纱罩有二氧化碳毒物，因损坏而换下的旧纱罩要深埋，如手上沾到灰粉要及时洗净注意，不要弄到眼睛里或沾到食物上以免中毒。⑦在使用沼气不慎发生火灾的情况下，首先要截断气源使沼气不再输入室内，同时迅速组织力量灭火。若一户发生火灾时邻居要迅速停止用气隔绝气源，以免火灾蔓延。

453. 哪几种特殊原因导致沼气池不产气? 如何处理?

沼气池不产气有多种原因，造成的问题如果不认真研究分析遇到特殊情况不产气，您是找不出原因的也不知道如何处理，下面几点就是非常特殊的情况。①农药的影响：为了灭蝇用敌敌畏和一六〇五等农药喷洒过的粪便入池后，致使当日有气不着火或不久停止产气。②辛辣物进池影响发酵：将葱、蒜、辣椒及韭菜、萝卜等秸秆和烂叶作为原料投入新建沼气池内可导致数月不产气。打开活动盖捞出此类叶、秆并加入部分猪粪和接种物，封池启动后3～5天会慢慢开始产气。③投入猪粪不产气：产气正常的沼气池投入从别处拉来的猪粪后，产气量不但不增反而迅速下降。经过调查了解原来别处的猪吃了蒜苗、蒜叶和韭菜，沼气池经过综合调治才会逐步恢复正常。④牛粪入池不产气：以牛粪做发酵原料的沼气池封池后迟迟不能产气，经过调查分析山区的牛以草食为主，粪中含氮量偏少，碳氮比失调。后增加氮素并搅拌封池后很快产气。⑤电石、洗衣粉不能入池：有的人以为池内多放些电石能多产沼气，其实结果正相反，原来产气的池也停止产气了，用洗衣粉洗衣的水同样不能入池。⑥甘薯渣用量不当：甘薯是北方地区的主要农作物之一，每年有大量的薯渣可供农户使用。但甘薯渣是一种酸性很强的发酵原料，薯渣过多会使发酵液变酸，不仅产气少而且只产气点不着火。此时应添加适量的石灰水或更换发酵液，并增加搅拌使pH上升到6.7即可封池，几天后即可产气。如果沼气池pH在8以上，证明池内发酵液已经为碱性，此时可加适量的甘薯渣调节pH。甘薯渣既可做发酵原料又是一种pH调节剂，但使用时一定要适量。

454. 沼气池在越冬前要做好哪些工作？

沼气池的越冬管理用通俗的话概括就是："吃饱肚子，盖暖被子"，"池内要增温，池外要保温"。"吃饱肚子"就是在入冬前多出一些陈料，多进一些牛、马粪等热性原料，防止沼气池"空腹"过冬。"盖暖被子"就是在池外用秸秆或塑料大棚覆盖保温，尤其要及早做好进、出料口及水压间等直接和外界接触、散热量较大处的保温。有条件的地方应将沼气池建在日光温室或塑料大棚内，温室或棚内养猪、种菜，既保温又可综合利用，促进能量流、物质流、养分流的良性循环，多层次利用。

455. 沼气池发酵原料充足但产气不足怎么办？

①原因：进料口经常冒气泡，浮渣结壳。②排除方法：打开活动盖搅拌发酵原料。

456. 沼气池大换料3个月后产气越来越少怎么办？

①原因：主要是原料不足。②排除方法是：添加新料。

457. 沼气池装料后长时间不产气或产气但点不着火或开始产气正常再加料后一点气都不产，进、出料口不冒气泡为什么？如何排除？

① 原因：温度太低、加水过凉，发酵液料变酸没有加接种物，发酵液料中有杀菌剂或其他抑制剂等。②排除方法：如确认加入了农药、矿物油、电石等杀菌剂或其他抑制剂应清池换料，如是因料液变酸未加接种物，则应选择晴天揭开活动盖 5～10 天，添加草木灰或石灰水调节 pH，同时加入接种污泥或老沼气池发酵液、沉渣重新封盖启动。注意不要在 12 月、1 月低温季节进料封盖启动沼气池。

458. 沼气池以前产气效果好，出池重新装料后产气不好，这是为什么？如何排除？

①原因：出料时碰破了出料天窗口或出料后没有及时进料，引起池体干裂或因内外压力失去平衡而导致池体破裂造成漏水漏气，也可能是出料前就已经破裂被沉渣糊住而不漏气、漏水出料后便漏水了。②排除方法：修理好破损处，进料前应将池盖、池墙擦干刷纯水泥浆 3 遍或刷广西“火龙”牌密封涂料 2 遍，大出料后要立即进料，以防池体干裂和保持内外压力平衡；地下水位高的地方雨水季节不要大出料。

459. 沼气池开始产气很好，但过3个月后产气明显下降，进料口经常翻气泡，这是为什么？如何排除？

①原因：沼气池内浮料结壳，沼气难以释放进入贮气间，特别是加入部分草料的沼气池结壳更严重。②排除方法：揭开活动盖，搅拌浮料，打破结壳。采用人、畜粪尿发酵的沼气池池内可安装通气篓、厌氧过滤器、自动破壳杆、简易搅拌器等防止结壳。

460. 为什么打开沼气开关时压力表跳动？如何排除？

①原因：输气管产生水阻，沼气流通不畅。②排除方法：将管道内的积水放掉，关闭开关。

461. 为什么关闭沼气开关时压力表跳动？如何排除？

①原因：导气管、输气管道或接头、开关处漏气。②排除方法：将肥皂水涂刷在导气管、输气管、接头、开关处，鼓气泡处就表明漏气，漏气部位应及时更换管件和修好。

462. 沼气压力表上升先快后慢到一定高度就不再上升了，这是为什么？如何排除？

①原因：贮气间漏气，压力表显示压力低时产气大于漏气，压力上升到一定高度产气与漏气相平衡就不再上升了；沼气池墙上部有漏孔料液淹没时不漏气，当沼气把料液压下时便漏气；料液淹没进、出料管下口太浅，当沼气装满贮气间后再产的气便从进、出料管口跑掉。②排除方法：揭开活动盖取出发酵料入池查找漏孔处时，首先应做动物下池安全试验，然后下池进行修补，并同时粉刷全池一次，增加发酵池内的原料及水分。

463. 沼气池开始产气正常以后产气量明显下降或压力表不上升，关上开关后压力表不动，这是为什么？如何排除？

①原因：沼气池活动盖处漏气；导气管以上输气系统漏气；拱顶及池墙结合部位漏气。②排除方法：先检查蓄水圈内活动盖上的水是否鼓气泡；后检查输气管道系统是否漏气；如不漏气就检查拱顶与池墙结合部位漏气或其他部位，找出漏气部位后及时进行维修，下池前应做动物安全试验

464. 沼气压力表显示虽高但使用效果差，这是为什么？如何排除？

①产生原因：沼气不纯，甲烷含量低，发热量小；池内水位高贮气间容积小。压力表水柱的高低只说明沼气池内压力的大小不说明产气多少。②排除方法：增加产气好的发酵原料，如猪粪、牛粪等；要勤进料勤出料，保持较稳定的零压水线。

465. 沼气池使用中压力表较高、火力较弱，有时根本不能点火，这种现象在冬、春季发生较多为什么？

①产生原因：池内料液温度太低，料液呈酸性，沼气发酵菌活性受抑。②解决方法：往池中加热水，用石灰、草木灰调节料液 pH，但只能解决一时之需，只有气温回升后才可彻底消除。

466. 新建沼气池封池后压力表上升较高，输气管由透明变成淡黄色，气体 1 个月以上不能点燃，这是为什么？

①原因：沼气池投料加水时料液温度太低影响产气率。②排除方法：往池中加热水，用草木灰调节料液 pH，但只能解决一时之需，只有气温回升后才可彻底消除。

467. 沼气使用中压力表上升不太高，水压间和进料口沼液四溢而且使用中供不应求，这是为什么？

①原因：水压间容积太小。②解决方法：增大水压间容积。

468. 沼气灶火苗大小不均匀或有波动为什么？

①原因：燃烧器堵塞或者燃烧器放偏了，或喷嘴没有对正造成的；在输气管道或灶具里面积存了冷凝水。②排除方法：清除燃烧器的障碍物，修整燃烧器；打开排冷凝水的开关，排除输气管道内的冷凝水；将灶具翻转过来倒出里面的积水。

469. 沼气灶火焰脱离燃烧器为什么？

①原因：喷嘴堵塞，沼气灶前压力太低，空气比例过多；沼气中甲烷含量减少，热值降低。②排除方法：提高灶前压力关小调风板；清除喷嘴里的障碍物；调节沼气发酵液的酸碱度，在沼气池里添加新原料提高沼气中的甲烷含量。

470. 新池装料后产气很多但就是点不着火为什么？

①原因：发酵前几天沼气中杂气太多或池内接种物太少料液呈酸性。②排除方法：放完杂气再用，或添加大量的接种物调节料液酸碱度。

471. 沼气压力表指针长期不上升或缓慢上升是怎么回事？

（1）原因：①沼气池密封不好可能漏水漏气；②发酵料液过碱或发酵料液中有毒性物质如农药等；③温度过低；④缺乏启动菌种；⑤发酵原料不足。

（2）排除方法：①新池应进行试压检查必须达到不漏水、不漏气时才能使用；②注意发酵液的酸碱度，调节 pH 为 7 左右，严禁毒性物质入池，已入池的要取出部分沼液再用清水冲淡；③提高池温至15℃；④加接种物或老沼气池沼液（渣）；⑤增添新鲜料液。

472. 出料时看见发酵原料结成了大硬块，堵塞在天窗口下无法取出该怎么办？

（1）原因：原料本身含有悬浮固体而悬浮在料液表面，由于缺乏搅拌因，时间久了便在贮气间天窗口结成板块形成硬壳。

（2）排除方法：先从出料间取出部分发酵液使池内液面下降，浮渣也随之下降离开顶盖，再用尖木棒拨开硬壳逐块取出。

473. 沼气压力表指针上升到一定度数后，活动盖四周有漏气现象，这是为什么？

（1）原因：①活动盖与天窗口不密合或封盖黄泥太稀，密封后没有压紧；②由于气压过高把活动盖冲起。

（2）排除方法：①天窗口与活动盖尺寸要精确，便于两者密合，封池黄泥要调成砖坯状，泥团中不能有粗沙和石子；②尽量把沼气用完，用不完的可放掉使压力保持在设计范围。

474. 沼气压力表指针经常达到最大这是为什么？

①原因：沼气池内压力过大，超过了沼气池压力表设计压力。②排除方法：定期出料或在水压间旁边建一贮粪池。

475. 入冬之前建成的沼气池未进料启动的应该怎么办？

入冬之前建成的新沼气池，如果未进料启动，为了保证新池的越冬安全要在池内填满碎秸秆或杂草等，可起到保温、防冻裂作用，已建池体但未抹灰刷浆的要保持原状，等来年春天再抹。

476. 沼气池进、出料管的液面不在同一水平上是什么原因？如何排除？

①原因：进、出料时草料堵塞在进料管中，使进料管中上下水液不通。②排除方法：清除进料管中的堵塞物。

第六章　沼气用具使用常识

477. 沼气燃烧的基本原理是什么？

沼气燃烧时呈蓝色火焰并放出大量的热量。1 米^3 的甲烷完全燃烧时可放出 36 784 千焦热量，1 米^3 的沼气放出的热量＝36 784千焦×甲烷含量，而一般沼气中甲烷含量为 50％～70％。因此，1 米^3 沼气放出的热量＝36 784 千焦×（50％～70％）＝18 392或 25 748.8 千焦，可以看出 1 份甲烷燃烧需要 2 份氧气助燃即甲烷：氧气＝1：2，而氧气在空气中的含量约为 20％，所以甲烷燃烧空气助燃的比例为甲烷：空气＝1：10 以上，沼气中含甲烷是 50％～70％，所以沼气：空气＝1：6～7 即 1 份沼气燃烧时需 7 份空气助燃沼气才能充分燃烧。在空气供应不足时沼气就不能充分燃烧，有部分沼气就白白浪费掉了。

478. 沼气用品主要包括哪些？

主要包括①管道（即导气管和输气管），②管件（即开关、二通、三通、弯头、变径、气水分离器），③调控净化器，④灯具，⑤灶具等五大部分。

479. 目前沼气产品及设备的品种都有哪些？

主要有：①家用沼气灶，②家用沼气灯（包括沼气灯纱罩、玻璃罩、电子点火器），③沼气调控净化器，④PE 半硬管线，⑤气水分离器，⑥流量计，⑦沼气输气软管，⑧沼气池密封涂料，⑨家用沼气开关配件，⑩沼气饭煲，⑪沼气热水器，⑫沼气取暖灯，⑬沼气出料器，⑭沼气抽渣车，⑮沼气模具，⑯沼气发电机，⑰沼气发酵添加剂，⑱沼气电动抽渣泵，⑲沼气抽渣活塞，⑳沼气气体分析仪等。

480. 性能优良的沼气灶应具备哪些条件？

以合肥伟友燃气设备有限公司生产的《伟友牌》沼气灶为例，应具备的基本条件是：①具有一定热负荷，沼气通过灶具燃烧时，单位时间内所释放出的热量称为灶具的热负荷。灶具在燃烧时在沼气压力可变的范围内得到热负荷能基本满足用户的需要。②燃烧完全热效率高：沼气的热效率在55%以上，烟气中的一氧化碳含量不超过0.1%。有的沼气灶燃烧不完全会产生一氧化碳等有害气体，不仅对人体有害同时也降低了使用热效率。③燃烧稳定：在压力、热值、热负荷可能变化的范围内燃烧稳定。即不脱火也不回火，在燃烧时不发生黄焰现象。④燃烧时噪音小。⑤结构简单、价格低廉、使用方便、安全可靠。

481. 我国目前使用的沼气灶具种类有几种？

我国目前常用的沼气灶具种类有：①高级不锈钢脉冲及压电点火双灶、单灶，电子点火节能防风灶，人工、电子点火四型灶。②沼气灶按材料分有铸铁灶、搪瓷面灶、不锈钢面灶。③按使用类别分有户用灶、食堂用中餐灶、取暖用红外线灶。

482. 户用沼气灶由几部分组成？

户用沼气灶由①燃烧系统，②供气系统，③辅助系统，④点火系统四部分组成。

483. 如何识别和选购质优价廉的沼气灶具？

①生产灶具企业必须有国家技术监督局颁发的生产许可证。②生产灶具的企业必须通过国家有关部门质量管理体系认证。③

必须经过农业部沼气产品及设备质量监督检验测试中心，检验合格并出具检验报告。④必须符合《家用沼气灶》国家标准。⑤钢板的厚度、光洁度、打火率要符合国家标准。

484. 使用沼气灶具时必须注意哪些问题？

使用沼气灶具应注意以下问题：①正确安装调控净化器位置，以便观看调控净化器上的压力表，及时掌握灶具的燃烧情况。②使用时要尽可能地控制灶具的使用压力，特别不宜过分超压运行，以免火太大跑出锅外浪费沼气。③正常工作时风门（一次空气）要开足，除脱火、回火及个别情况需要暂关小风门之外，其余时间均应开足风门，否则会形成扩散燃烧。④将铸铁沼气灶具放在灶膛内使用时，锅底至火孔的距离应与原锅底架平面至火孔的距离一致，过高或过低都将影响热能的利用。

485. 使用沼气灶的具体操作方法是什么？

以安徽合肥伟友燃气设备有限公司生产的《伟友牌》电子打火沼气灶为例，其操作步骤是：①将打火旋钮置“OFF”位置然后开启气源。②压下打火旋钮并向“ON”方向旋转使发出“啪”的声音即可自动点燃火焰，当确认点燃火之后方可放手。③初始使用时进气管中存有空气而点不着时，须重复以上点火动作空气排出后即可点燃。④火力调节：按旋钮所示标志缓慢旋转即可随意调节火力大小。⑤空气调节：左右拨动灶具底部的风门调节空气量使火焰稳定、清晰　⑥熄火：将打火旋钮顺时针转至“OFF”位置便能自动熄火。

486. 在购买使用沼气灶时要特别注意什么？

合肥伟友燃气设备有限公司生产的《伟友牌》沼气灶具使用说明书上，特别强调用户在购买使用时一定要注意以下几点：①启用灶具前一定要核查灶具右侧铭牌所示燃气种类与所用燃气是否符合。②连接气源应使用专用胶管，长度以1～1.5米为宜，胶管不得触及灶体不得从灶具底穿过。③灶具的安装与其他物件的边缘距离不小于15厘米，灶具顶部应有100厘米以上的空间位置。④当发现沼气泄漏时，不得采用电风扇、抽油烟机等排出气体，不得操作电器开关并应立即关闭气源打开门窗，自然疏通室内空气待沼气排尽时方可使用。⑤灶具附近切勿堆放易燃物品。⑥灶具安装时请将四个橡胶脚与灶具四角的孔稳定好。

487. 使用沼气灶时适当控制灶前压力有何意义？

我国农村家用水压式沼气池的特点是压力波动大，早晨压力高，中午或晚上由于用气后压力会下降。当灶前压力与灶具设计压力相近时燃烧效果好，而当沼气池压力较高时，灶前压力也同时增高而大于灶具的设计压力，热负荷虽然增加了但热效率却降低了，所以在沼气压力较高时要调节灶前开关的开启度，将开关关小一点控制灶前压力，从而保证灶具具有较高的热效率以达到节气的目的。

488. 脉冲沼气灶的点火装置一般由几部分组成？

沼气灶脉冲点火装置主要由电池盒、接灶体连线、接灶开关连线、灶开关（整合电路开关总成）、高压绝缘引线、放电瓷针等部件组成。

489. 脉冲沼气灶的故障检修一般步骤有哪些？

在沼气池正常产气的情况下，灶具脉冲点火的故障需本着先易后难、由表及里的原则，并根据故障出现部位概率的大小，按以下4个步骤进行检修。①首先检查电池盒中电池电量情况及电池正负是否装误，如有必要首先更换新电池。②如更换新电池无效，就应检查电池盒内弹簧是否锈蚀或脏污，这些都会引起电池接触不良而影响点火器正常工作。可用细砂纸打磨污点直到光亮即可排除故障。③检查点火控制开关是否接触不良，电池盒到开关连线是否断线，开关插头是否松脱、氧化、锈蚀，如有将其刮除或打磨光亮后插紧。④特殊故障的检修有以下几种方法：ⓐ能听到轻微的“啪啪”放电声但放电瓷针上看不到电火花。这种故障说明电池盒工作正常而高压输出部分存在短路故障，应检查高压线是否破损、潮湿和油污。处理方法是将高压线擦干净，并将破损处用绝缘胶带包扎并将其拔离灶体金属部位。另外，如果放电瓷体击穿也会导致高压短路，卸下瓷体换新即可；ⓑ能听到电池盒有轻微的“吱吱”声但听不到放电打火声。产生这种故障多是由于高压线圈击穿、短路、断线等；ⓒ能听到放电声、放电瓷针上也有火花，但火花不是蓝色的而是红色的，这很可能是放电间隙太远或太近，处理方法是调整放电间隙，将电极及支架距离调至 3～4 毫米即可。

490. 实际操作脉冲点火沼气灶时需要注意哪些问题?

在使用合肥伟友燃气设备有限公司生产的《伟友牌》脉冲点火沼气灶时，需要注意的问题是：①首先要仔细阅读使用说明书，使用的时候先将沼气灶的保护膜撕掉，脉冲点火的沼气灶要安装电池，电池在沼气灶面板内侧面或后面。②点着火后如果沼气灶火焰不稳定，要调整灶前面板后面的风门，风门的方向可以左转也可以右转，转的时候边转边看火焰变化，调到火焰清晰、稳定就可以了。③使用一段时间后要清理燃烧器，拆下燃烧器用废牙刷或铁丝清理火孔、清扫燃烧器。④脉冲点火的沼气灶在使用中点不着火时，要检查电池是否受潮或用的时间太长应更换了，还要注意不要让汤水打湿，电线扯断或被老鼠咬断同样点不着火。

491. 为什么说使用沼气灶不能像使用煤炉一样粗放，否则易造成新灶具损坏?

一些农户以前没有用过燃气灶，在使用中经常溢锅造成燃烧器出气孔堵塞，引起灶具回火，易烧坏灶面下的点火盒、点火线、旋钮等。还有的用户因长期不清除灶面下的饭渣，灶面下钻进了老鼠，咬坏了导线和输气管，导致不能自动点火和输气管漏气。因此，使用沼气灶要注意看好锅，尽量控制不要溢锅，一旦溢锅要及时清除饭渣疏通出气孔，对于使用铜火盖的灶具，即使没有溢锅每隔 3～5 天也要把火盖拿下来捅透出气孔（因为铜遇沼气后很容易产生一些堵塞出气孔的锈蚀物），以防回火烧坏灶具造成损坏。

492. 为什么说擦洗沼气灶面时不宜采用金属清洁球？

发现灶面上有饭污，应随时用湿润的软毛巾擦除，经常保持灶面清洁，而不能等饭污多了再用金属清洁球去擦，否则易造成灶面损伤很快失去光泽。

493. 在实际操作电子点火沼气灶时应注意哪些问题？

以合肥伟友燃气设备有限公司生产的《伟友牌》电子点火沼气灶为例。在实际操作中应注意以下几点：①要仔细阅读使用说明书，使用的时候先将沼气灶的保护膜撕掉。②电子点火不好点

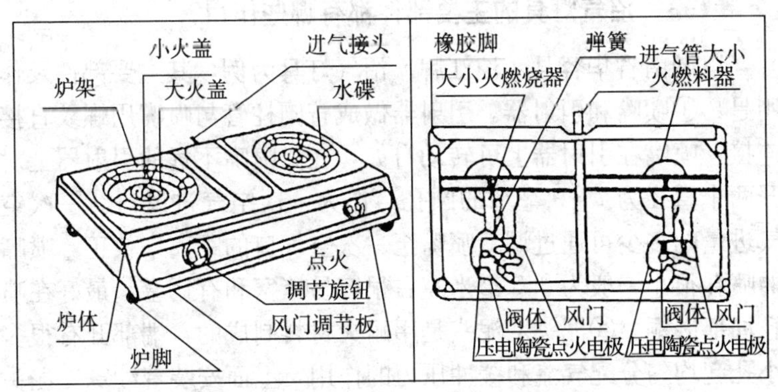

图 21　电子沼气双灶结构示意图

着时，可以转动火盖试一试或者调低压力点着火再调高。③有时由于沼气中含甲烷量低、杂气多，使沼气灶点火针长期受到腐蚀，也会出现点不着火的现象，可以擦一擦或者调节点火针的距离就可点着火。

494. 非沼气燃气灶可以用来烧沼气吗?

沼气是一种与天然气较接近的可燃混合气体，但它不是天然气不能用天然气灶来代替沼气灶，更不能用煤气灶和液化气灶改装成沼气灶用，因为各种燃烧气体有自己的特性，例如燃气的成分、含量、压力、着火速度、爆炸极限等都不同。而灶具是根据燃烧气体的特性来设计的所以不能混用，沼气要用沼气灶，才能达到最佳使用效果保证使用安全。

495. 沼气灯具的结构一般由几部分组成?

沼气灯实际上是一种大气式燃烧器，分吊式和坐式两种，为了安全目前一般都采用吊式灯具，以湖南省华容县《沱江牌》生产的沼气灯具为例，结构是由①喷嘴、引射器，②泥头，③纱罩，④反光罩，⑤玻璃灯罩，⑥电子点火器等主要部件组成。

496. 沼气灯具的主要部件都有哪些作用?

以湖南省华容县《沱江牌》沼气灯具为例，其主要部件及作用是：①喷嘴和引射器。引射器做成直圆柱管与喷嘴用螺纹直接连接，喷嘴在引射器上可转动自如，在离喷嘴不远的引射器上对开两个直径为7～9毫米的圆孔，作为一次空气进风口。一次空气进量的多少可通过调节喷嘴至一次空气口的距离来校正。喷嘴的喷孔很小一般为2.5毫米左右很容易堵塞和有锈塞，最好在喷孔局部嵌铜。②泥头。泥头是用耐火材料制成的，端部开有很多小孔起均匀分配气流和缓冲压力的作用，上面安装着纱罩。泥头与铁芯（引射器）采用螺纹连接以便损坏时更换。更换时将泥脚在铁芯上旋紧之后再稍稍地往回旋一点（不能太松，以免跌落），使泥脚与铁芯有一点点宽松余地，这样使用时泥脚不会因铁芯受热膨胀而断裂。③纱罩。是用苎麻、植物纤维、人造丝按3：5：15的比例配线织网。④聚光罩。又称反光罩、灯盘，用来安装玻璃灯罩并起到反光和聚光作用，用白搪瓷制成。灯盘上部的小孔起散热和排除废气之用。⑤玻璃灯罩。保护纱罩并起到补充二次空气的作用。⑥电子点火器。主要用电子引火燃烧沼气灯。

497. 沼气灯具的工作原理是什么？

沼气灯具的工作原理是：在一定的压力下沼气由喷嘴喷入引射器，借助喷入时的能量吸入所需的一次空气（从进气孔进入），沼气和空气充分混合后通过电子点火器引火泥头喷火孔喷出燃烧，在燃烧过程中得到二次空气补充，由于纱罩在高温下收缩成白色柱状——二氧化钍在高温下发出白光供照明之用。一盏沼气灯的照明度相当于60～100瓦的白炽电灯，其耗气量只相当于炊事灶具的1/5～1/6。

498. 沼气灯具都有哪些用途？

沼气灯具的作用是：①家庭照明；②温室增温和利用灯具照明释放二氧化碳给棚室蔬菜施气肥；③点灯诱蛾，喂鸡、鸭、鹅等；④给鸡舍内小鸡或成鸡照明增温；⑤孵化小鸡。

499. 如何使用沼气灯具？

①新灯使用前应不安纱罩进行试烧，如火苗呈淡蓝色短而有力并均匀地从泥头孔中喷出呼呼发响，火焰不离泥头燃烧无脱火、回火等现象，表明灯的性能好。即可关闭沼气阀，待泥头冷却后安上纱罩。②新纱罩初次点燃时，要求有较高的沼气压力，以便有足够的气量将纱罩烧成球形。烧好纱罩后点灯时，启动压力应徐徐上升以免冲破纱罩。③点灯时应先点火后开气，待压力

升至一定高度燃烧稳定亮度正常后，为节约沼气可调节开关稍降压力其亮度仍可不变，灯若久燃还不亮可反复调整一次空气，用嘴吹纱罩可使燃烧正常灯光发白。

500. 如何确认和排除沼气灯的故障？

（1）若纱罩外层出现蓝色飘火经久不消失，是带进的空气不足，应将灯盘顺时针方向旋转逐渐加大空气进气量，调至不见明火发出白光亮度最佳为止。调节后如仍出现飘火这是喷嘴孔径过大，应更换孔径小的喷嘴。

（2）若纱罩不发白光而呈红色时，是因为沼气太少或空气太多，应将灯盘反时针方向旋转逐渐减少空气进气量，调至灯发白光亮度最佳为止，调节后仍出现红火，应更换孔径大的喷嘴。

（3）灯不发火或灯光不稳，是喷嘴堵塞，应取下喷嘴用缝衣小针扎通，灯光一亮一暗，是输气管中积水较多或管道不畅通，可打开排冷凝水的阀门排除管道内的冷凝水或疏通管道。

（4）有时燃烧处于良好状态而灯不发白光，这是纱罩质量不佳或收藏时间过长而受潮的缘故。

（5）纱罩外燃烧灯光发红调节无效，属沼气灯结构不合理，如引射器太短、喷嘴孔过大或不同心、烟气排除不良、泥头破损或纱罩未扎牢，应选用结构合理的沼气灯。

501. 沼气灶在使用中出现火焰异常现象应如何解决？

①火焰不规则时应重新放好炉盖；②火焰短小无力时，应该检查沼气管路有无偏压，检查喷嘴是不是有堵塞；③火焰短易吹脱，应将风门调小；④火焰长而无力、发黄，应将风门调大使火焰呈蓝色；⑤火焰不均匀、有波动，将灶具翻过来取下燃烧头背面的钉，燃烧头即可拿下来清除燃烧头腔内和引射器管内的杂质。

502. 电子或脉冲沼气灶打火不灵、着火率低等现象如何解决？

①原因是脉冲点火电源不足，应更换新电池；②若是沼气输气不顺畅，输气管扭折、压扁、堵塞，应矫正或更换沼气输气管；③若是电极针距离不合适，应将电极针与支架距离调至3～4毫米；④若是引火喷嘴堵塞，用细针通引火喷嘴；⑤挡焰板与点火喷嘴轴线倾斜角不对，应用尖嘴钳调整挡焰板与点火喷嘴轴线。

503. 沼气灶开关转不动是何原因？如何处理？

①原因：开关转不动是由于栓帽压得太紧或者缺少润滑剂造成的。②解决方法是：扭松栓帽或加点润滑油。

504. 沼气燃烧器打不着是何原因？如何解决？

①原因：燃烧器打不着应主要检查一下输气管是否折叠或堵塞使沼气过不来，或者房间通风不畅造成空气供应不足。②解决方法是：尽量使输气管伸直，使用沼气灶的房间通风要好。

505. 如何使用调风板来提高沼气灶的燃烧效果？

沼气在燃烧的时候需要6～7倍的空气。沼气的热值会随着沼气池里的加料种类、加料时间、池子里的温度不同起变化，调风板就是为了适应这种不断变化的状况而设计的。根据沼气成分和压力变化情况，使用调风板调节风量的大小以便使沼气完全燃烧，从而获得比较高的热效率。如果调风板开得太大、空气过多。火焰根部容易离开火孔这会降低火焰的温度，同时，过多烟气又会带走一部分热量，因此热效率就会下降。有些用户认为看到像烧柴草那种长火焰从四周窜上来，才算是最旺的火，因此，把调风板开得很小。实际上这种火的温度很低，还会产生一氧化碳，对人体也有危害。

506. 沼气灶使用时火焰过猛、燃烧声音太大是何原因？如何排除？

①原因：火焰过猛、燃烧声音太大，这是因为进入的空气过多或者灶前沼气压力太大。②排除方法是：关小调风板或灶前开关。

507. 沼气灶使用时火焰脱离燃烧器是何原因？如何排除？

①原因：火焰脱离燃烧器这是因为喷嘴被堵塞使沼气压力太低，因此进入的空气过多或者是因为沼气中甲烷含量减少热值降低。②解决方法是：关小进空气的调风板，设法提高灶前沼气压力或者向沼气池添加些新料。

508. 沼气灶有火花点不燃火原因是什么？如何处理？

①沼气管通路堵塞需检查通路，去除堵塞物，可用打气筒吹通沼气导管等；②沼气纯度或浓度不够，需待沼气纯度适宜时再使用；③配风不适，需及时调整灶具风门，使沼气与空气混合气适宜；④火花针尖与出气孔金属触点距离或角度不适，需适度调整针尖与金属触点距离或触角；⑤总开关后面输气管路过长，需去除过长部分；⑥沼气管路严重漏气，需检查维修更换管线。

509. 沼气灶部分燃烧或产生半边燃烧的原因是什么？如何处理？

①燃烧孔有部分堵塞，需清除堵塞物；②配风不适，需调整风门；③气压过高，需用开关适度控制沼气进入灶具的气压。

510. 沼气灶火苗不旺有哪些原因？

①沼气池产气不好、压力不足。②沼气中甲烷含量少、杂气

多。③灶具设计不合理、质量不好，如灶具在燃烧时带入空气不够，沼气与空气混合不好不能充分燃烧。④输气管道太细、太长或管道堵塞导致沼气流量过小。⑤灶面离锅底太近或太远。⑥沼气灶内没有废气排出孔，二氧化碳和水蒸气排放不畅。

511. 沼气灶使用时火焰大小不均匀或有波动是何原因?

这主要是由于燃烧器堵塞或者是燃烧器放偏了使喷嘴没有对中。导气管内有水也会引起火焰波动。解决的方法是疏通燃烧器，放正灶具使喷嘴对正中，放掉输气管中的存水。

512. 在日常炊事用能中沼气灶的热负荷过大、过小为什么说都不适宜?

沼气灶热负荷是指沼气燃烧 1 小时灶具能放出的热量，通俗地说是指灶具燃烧火力的大小。热负荷过大，锅来不及吸收，火跑出锅外，热损失大，热效率低，浪费沼气。此时虽可稍缩短炊事时间，但加热时间的减少并不显著。热负荷过小，延长了加热时间，不能满足炊事用热要求，特别是不利于炒菜时使用。因此，热负荷过大、过小都不适宜。

513. 使用沼气灶时出现火焰摆动有红黄闪光或黑烟没有蓝绿色的内焰，甚至有臭味是何原因? 如何排除?

造成这种现象的原因有三：一是空气供给不足，二是喷嘴孔过大或过小，三是燃烧器堵塞。排除方法是：调整进入燃烧器的空气，加大喷嘴和燃烧器之间的距离。再就是加大或缩小喷嘴的孔径以及清扫和冲洗燃烧器。

514. 沼气灶距锅底近好还是远好?

灶具与锅底的距离应根据灶具的种类和沼气压力的大小而

定，过高过低都不好，合适的距离应是灶火燃烧时“伸得起腰”，有力，火焰紧贴锅底火力旺带有响声。在使用时可根据上述要求调节适宜的距离，一般灶具距离锅底以2～4厘米为宜。

515. 沼气灶调风板开启度多大合适？

由于每个沼气池的投料数量、原料种类以及池温、设计压力不同，所产生沼气的甲烷含量和沼气压力也不同。沼气燃烧需要5～7倍的空气，所以调风板的开启度应随沼气中甲烷含量的多少进行调节。甲烷含量多时即火苗发黄，可将调风板开大一些，使沼气得到完全燃烧以获得较高的热效率。当甲烷含量少时，火苗小或火苗发红，将调风板关小一些，因此要正确的掌握火焰的颜色、长度来调节风门的大小。但千万不能把调风板关死，这样火焰虽较长而无力，一次空气等于零而形成扩散式燃烧，这种火焰温度很低燃烧极不完全并产生过量的一氧化碳，一般情况下调风板开启度以打开3/4为宜。

516. 沼气池新加料后有时压力表突然升高为什么？

沼气池新加料后入池原料结成团块，发酵后浮上液面，使气箱内的沼气产生冲压。排除的方法是：原料下池要散开使之分散均匀，这不仅可以避免冲压也有利于发酵产气。

517. 沼气压力表上升到一定度数后，活动盖周围为什么有漏气现象？

原因是活动盖与天窗不密合，或封池黄泥太稀密封后没有压紧，活动盖没有安装锁盖插销，气压升高后把活动盖冲起。排除的方法是：①天窗口与活动盖尺寸应精确，便于两者密合。②封池黄泥要调成砖坯状泥团，其中不能有粗沙粒。③要保持密水圈内有水使密封黄泥保持湿润，活动盖密封后要紧压锁住。

518. 为什么沼气压力表上升到一定的度数后出现上下波动?

原因是输气管道内有水珠积聚,且积水附近的管道上有漏气小孔;当沼气把水珠冲开时漏气孔则跑气。排除方法是:排除输气管道中的积水,换掉漏气的导气管,并在管道的拐弯处安装气水分离器。

519. 为什么沼气压力表不升不降沼气池进、出料水位却上升?

原因是导气管或导气管与压力表之间的输气管道堵塞不通。排除方法是疏通堵塞了的导气管或输气管道。

520. 为什么打开沼气开关，开关旁边有沼气味?

原因：①开关内转动塞上的橡皮圈断裂漏气；②转动塞扭转的圈太多造成跑气；③开关座破裂漏气。

排除方法有：①换掉断裂了的橡皮圈；②转动塞只可扭转一周不可多转；③调换新的开关。

521. 为什么打开沼气开关压力表不动?

原因：①开关中的活塞珠陷在通气孔中冲不起来；②开关装反了；③压力表与输气管堵塞。

排除方法：①把活塞珠挑出来即可通气；②装开关时要先检查进气孔和出气孔不要装反了；③疏通堵塞的管道。

522. 沼气压力表常见故障与排除方法有哪些?

（1）指示针不能回零。调整方法：将压力表盖打开，把指示针取下放在零位重新装上即可。

（2）压力表内漏气：产生此类故障的主要原因是金属膜盒焊接不牢或腐蚀穿孔所致，发生此现象只能返回本厂维修。

523. 沼气燃烧时为什么灶盘边沿有“火焰云”现象而无火焰？

原因：①灶面离锅底太近；②灶中空气不足；③沼气灶的火孔大而密等。

排除方法：①摆放好沼气灶架，控制锅底与灶面的距离；注意选择火孔合适的灶具。

524. 沼气燃烧时火焰离开灶面，发生脱火熄灭现象这是为什么？

原因：①燃烧器的火孔小；②喷嘴距离灶过近；③沼气与空气混合比不适宜；④池内压力过高，沼气的流速太快。

排除方法：选购优质的灶具并注意安装和使用要求。

525. 为什么沼气灶面火焰微弱而燃烧器的热度很高，喷嘴前有火焰出现？

原因：①沼气的压力太低冲力不足；②火孔过大产生回火现象；③灶管内有堵塞物而妨碍沼气排出来。

排除方法：沼气的压力要满足沼气灶的设计要求，要注意清除灶管内的堵塞物。

526. 为什么沼气虽多但点灯不亮不发白光？

原因：①喷嘴的孔径过大或过小；②孔壁不光滑；③开关、喷嘴、进气孔没有调好；④沼气与空气的比例不适当。

排除方法:使用沼气灯时先用煤油冲刷喷嘴;再按要求安装好纱罩;点燃纱罩后要认真调节好开关、喷嘴和进气孔的位置使灯发白光。

527. 沼气灶正常使用一段时间后燃烧器回火为什么？

原因是分火器杂质太多致使气流不通。排除的方法是立即关闭灶具清洁火盖上的杂质。

528. 夏季脉冲灶具内的脉冲盒或电线常被烧坏为什么？

原因是夏季灶前压力太大，远远超过了灶具正常燃烧的气压；灶具燃烧火焰太高；火门调节不当进风量偏小使火焰太高。排除的方法是在这种情况下切记将灶具开关调小些使火焰在安全状态下燃烧；调节风门增大进风量使火焰正常燃烧（火焰呈蓝色且短而有力）。

529. 使用过的灶具久置后重新启动旋钮开关扭不动为什么？

原因是开关内杂质干涩锈住了开关旋钮。排除的方法是对开关进行拆解清洗、打油重新装回即可。

530. 脉冲灶具打着火后，脉冲仍发出“吱，吱……”声音或引射架上仍喷着火为什么？

原因是点火开关未完全关闭。排除方法是将旋钮开关提起复位。

531. 使用脉冲灶具一段时间后脉冲变慢火花变小为什么？

原因是电池电压不够。排除方法是更换新电池。

532. 沼气燃具在正常使用中为什么也需要经常性的维护？

①灶面、饭煲应经常保持清洁，使之美观耐用；②饭煲、灶具电池用一段时间后，出现点火过弱就需更换新的电池；③为保持燃具的有效燃烧，需及时清除燃烧器孔内的灶垢；④燃具的正常使用中，气压表上沼气压力在5千帕以上时，就须将

沼气开关适度调小；气压在5千帕以下时可将开关全开以利点火。点火后将压力调至5千帕位置为宜；⑤饭煲感温部件需经常清扫干净，并把燃焦的杂物除去，但不得将感应器部件擦伤，锅底凹台应保持平整清洁，避免损伤以确保感温效能；⑥沼气燃具点火的大小喷嘴使用1～2个月后，可用0.3～1.0毫米的铜线通几下以免堵塞，但必须在确保铜线不被折断的安全条件下操作。

533. 沼气输气管路一般由几部分组成?

输气管路一般由导气管、输气管、开关、两通、三通、弯头、变径、气水分离器、软管等部分组成。具体来说，目前输气管一般都采用PE半硬管，灶具和灯具连接处用变径接软管连接沼气。开关、三通、变径等用ABS工程塑料制作，具有成本低廉、操作方便、不宜腐蚀的优点。

534. 沼气输气管应使用什么规格符合标准?

输气管是衔接在导气管上的管件。沼气通过输气管输送到燃烧器各部位——沼气灶和沼气灯。多数地区采用内径14～16毫米，壁厚1.6～2.0毫米的PE半硬管作为沼气输气管道，安装前堵塞其一头，然后向另一头内注水检查是否漏气。输气管的室外部分为了防止塑料老化，应在管壁上包涂防腐材料埋入地下。

535. 沼气管道总的安装原则是什么?

①沼气管道系统安装时应尽可能的直和近，以减少管道的压力损失。②沼气管道的铺设可采用架空铺设和地埋铺设。③沼气输送管道可采用钢管或PE半硬管，严禁采用塑料软管。④管道的最低处应安装气水分离器，管道坡度不低于1%。⑤尽可能少安装阀门等管件以减少局部压力降。一般户用沼气输气系统可安

装一个总开关，其目的是为了一旦管道堵塞或出现故障时把总开关关上以便检查维修。两个控制开关，即灯、灶具前各安装一个开关。⑥要将多余输气管道剪断切忌将多余的气管盘起来。⑦尽量减少拐弯更不要拐死角。

536. 沼气输气管路主要配件都有哪些作用？

①管件是安装在输气管上的部件，它是控制沼气气流量和输送沼气的流向作用。②输气管是连接灶具、灯具的主要管线，目前常用的有 PVC 硬管和软管、PE 半硬管等。在实用性、经济性、耐用性、安全性及安装维修等方面都起到了很大作用，PE 半硬管作为沼气管线是最适宜的。③沼气配件：开关、导气管、两通、三通、变径、气水分离器等都在管线上分别起到了不同的作用。目前全国有些地方还在使用 80 年代的铜开关、铝三通等淘汰落后不耐腐蚀配件，造成沼气线路不畅通，影响灶具、灯具、沼气热水器、沼气饭煲、沼气保温灯等燃烧使用效果。特别是对沼气热水器使用效果影响更大。

537. 在安装沼气输气管线时应注意哪些问题？

沼气输气管线是上面衔接导气管，下接总开关、气水分离器、弯头、三通、变径、灶具、灯具、调控净化器等配件的重要管线。如果使用的管线品种、质量、口径等不相宜就是建的沼气池质量再好、发酵温度和酸碱度等条件再适宜、产气率再高，如线路问题解决不好，各种燃烧用品使用效果也不会太好。因此说，购买输气管时，应按照国家规定的行业标准去选择购买合适的口径管使用，这样才能达到好的使用效果。目前全国多数地区使用的是 PE 半硬管输气管线，直径为 14～16 毫米。购买输气管线时，最好选择被中国农村能源行业协会认定为沼气行业的优质产品和农业部沼气产品及设备质量监督检验测试中心检验符合国家管线标准的优秀生产企业的产品。

538. 为什么说在使用导气管时宜提倡采用ABS工程塑料制作的导气管?

有些沼气用户采用铜或铝导气管，笔者认为如果采用内径8～9毫米铜、铝导气管易被湿态硫化氢等腐蚀，同时给输气管道造成压降，而采用内径16毫米ABS工程塑料制作的导气管，既耐硫化氢等腐蚀又不会对管路造成压降，并且导气管价格也低廉耐用。特别是多功能ABS工程塑料导气管，将导气管和总开关两种功能融为一体，同时备有变径接头以便连接多种规格输气管线。这种配件的特点是：①气体流畅、阻力微小、耗材少，②安装使用方便，减少管线接头从而也减少了漏气环节，很值得广大建池户推广使用。

539. 为什么说提倡在沼气池线路安装PE半硬管时宜采用带密封垫的速接配件?

带密封垫的速接配件的特点是：①具有安装方便、不用涂胶、密封性好、不会因管道胀缩变化而造成管道接头漏气。②安装时注意把垫圈套在管子上放平整，把管子插入管件内适当拧紧螺帽即可（管件内孔有锥度和管子处于紧配合，不加垫圈就能做到基本不漏气）。一般情况下螺帽和垫圈接触再拧1/8圈就能满足密封要求。

540. 为什么在沼气池线路安装时，提倡采用ABS工程塑料制作的塑料开关或瓷阀式塑料开关?

ABS工程塑料开关和瓷阀式塑料开关材料价格低，耐腐蚀，安全可靠，通气孔径大于8毫米，密封性好，使用方便，寿命长。因此提倡采用这种开关。

541. 什么是沼气气水自动分离安全阀？其工作原理是什么？

气水自动分离安全阀采用浮力原理，积水多了浮子漂起排水，水少了浮子落下关闭排水孔（安装时阀体内适当加水，垂直安装），同时设置了安全阀，沼气压力过高时开启排气可把多余的沼气另收集起来或引到安全的地方排掉，限制了气压保护了沼气设施。这种产品体积小、重量轻、使用方便、值得推广，特别适合广大建池户使用。

542. 为什么必须选购正规沼气产品企业生产的专用软管？

沼气软管质量优良的标准是：软管内外壁光滑、色泽均匀、绝无气泡、颜色为本色透明或半透明。用户购买软管时一定要认清是否沼气专用软管，否则有的会影响安全、有效用气，甚至会出现意想不到的后果或灾难，这一点敬请广大沼气用户特别注意。

543. 沼气产品安装前为什么要进行质量检查？

在管线安装前应认真检查输配气系统中各种管件的规格尺寸与连接弯头、三通、开关等是否匹配。管线产品一般采用 PE 半硬管，直径是 16 毫米，所以要求使用 10 毫米的软管与半硬管的变径相连接。

544. 沼气气压表有何作用？如何安装？

气压表一般安装在室内沼气灶和灯的前面。从气压表显示压力的高低可以看出沼气池产气的多少。安装气压表时选用两根一样粗的玻璃管镶在一张有刻度的气压表纸上，水位要对准“零”用大约 15 厘米长的乳胶管联成“U”字而成。

545. 有人认为沼气使用中脱硫器突然软化、变形、爆裂甚至起火是脱硫器产品质量问题，这种看法对吗？

这种看法不正确。因为这可能是大量空气进入脱硫器的缘故。刚刚进行过大换料的沼气池、抽粪时进了空气的沼气池，所产沼气中混有大量空气，脱硫剂特别是使用过的脱硫剂，遇到大量空气发生再生反应，产生300℃以上的高温从而易烧坏脱硫器外壳。如果发现脱硫器外壳发热，就要暂时停止使用或将脱硫器中的脱硫剂倒出，让它在空气中充分再生后（脱硫剂凉在阴凉处，颜色由黑变黄后）再装好使用。

546. 沼气灯有何用途？使用时应注意哪些问题？

不同型号的沼气灯亮度不同。使用时应选择符合国家标准的灯具、亮度好的纱罩并配有玻璃灯罩。纱罩使用时须扎正防止烧偏，第一次使用时沼气量要充足，才能将纱罩烧成灰白色并成圆形，这样才能使亮度好。使用沼气灯时应先点火、后给气由小到大逐渐调节，防止因气量大使火冲破纱罩。

547. 性能优良的沼气灯具应具备哪些条件？

以吊式灯型为例：①宜采用直管进气旋转供氧、分层隔热防风圈防风。②必须设计具有合理美观大方、经久耐用及拆卸、维修、调节、使用方法便于掌握，且亮度强、光线稳定清晰、耗气量小、温度低、在室外能经受住3级风力。③沼气灯具不仅能供室内照明而且能用于田间及鱼塘点灯诱蛾等。④使用灯具时增氧孔调整及搪瓷灯盘旋转要自如。⑤在沼气池正常供气的情况下，灯具能调到不见明火只见白光亮度最佳为宜。

548. 优良沼气灯具一般能使用多少年？

以湖南省华容县的《沱江牌》沼气灯具为例。如果对沼气灯

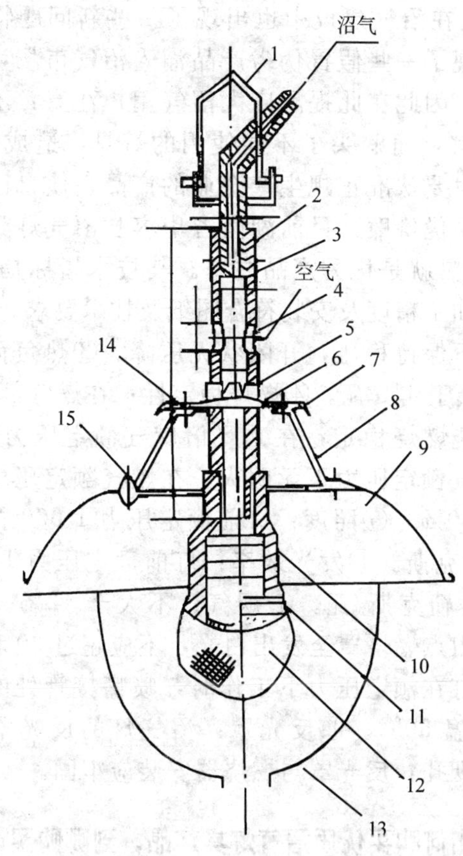

图22　沼气吊灯结构示意图

1. 吊环　2. 喷嘴　3. 引射器　4. 一次空气进风口　5. 螺母　6. 垫圈　7. 固定板　8. 溢热气孔　9. 反光罩　10. 连接头　11. 泥头　12. 纱罩（泡）　13. 玻璃罩　14. 固定板　15. 连接插座

具保养管理好，能熟练掌握开灯、关灯、调灯等技巧，一般一盏灯具能使用8～12年。

549. 为什么要选择优质沼气灯具?

目前在全国广大农村掀起了发展沼气建设，缓解能源危机的新高潮。但是在沼气建设中也出现了一些新问题特别是在沼气用品上出现了一些假冒伪劣产品涌入沼气市场，使一些群众受骗上当。因此在此提醒广大沼气用户注意：不要只图一时的价格便宜，而购买了不能使用的灯具，造成经济损失。在购买灯具时要认准正规生产企业的产品，使自己购买的产品真正达到质优价廉，目前湖南省华容县沼气灯具厂生产的《沱江牌》灯具就是优秀产品之一。其技术指标是：①外观：要求材料、加工精度及安装符合图纸及技术要求。②气密性：在额定压力下保持稳压，开闭状无压降。③热负荷：不超过525瓦，不低于410瓦。④燃烧稳定性：在燃气额定压力下，燃气热值应能燃烧稳定，在0.5倍燃气额定压力下无回火，在1.5倍燃气额定压力下无明火。在燃气额定压力下，照度波动小于±10%。⑤照度：灯前额定压力1 600帕时，照度不低于45勒克斯。⑥发光效率：灯前额定压力1 600帕时，不小于0.10勒克斯/瓦。⑦烟气：不大于12%。⑧起晖时间：额定压力点燃烧罩至发出白光，不应超过20秒。⑨表面温度：沼气灯在额定压力下工作时，喷嘴接管处的表面温度不应高出室温50℃。⑩反光罩：沼气灯的反光罩表面应光滑，上设排烟孔，反光罩与燃烧器安装应牢固。

550. 如何购买优质沼气灯具产品，到哪购买最适宜？

为了使广大沼气用户购买到优质价廉的沼气灯具等产品，最好到当地县级农村能源办公室的沼气服务中心门市部去购买灯具，或到当地农村能源管理部门咨询有资质的正规生产厂家联系，与厂家联系灯具主件实行合伙集中邮购，玻璃罩可在当地购买。这样不仅可购买到称心如意的灯具产品又免去了因买到伪劣产品而不能使用的烦心事。湖南省华容县《沱江牌》沼气灯具厂就开展邮购业务活动。

551. 使用沼气用品时应注意哪些问题?

为了做到合理使用沼气，减少大气污染就要不断提高沼气灶具的质量，国家颁发了“民用沼气灶具标准条例”对灶具的生产有了统一的标准，这对灶具生产提高质量提出了要求。有了好的灶具对合理用气无疑是个先决条件，但这并不等于一定能用好沼气灶（灯）具，还必须正确调整和使用灶具，如引射器调风大小、灶架高度等。以伟友牌沼气灶为例，调风的大小应以放上锅后火焰似跳出又没跳出火苗为好，这样火焰既能托起来又能保证稳定燃烧，沼气灶上端面与锅底距离应在2～4厘米这时的燃烧热效率最高一氧化碳含量最低。正常情况下沼气灯点燃后不应出现火苗，若出现火苗说明配风不够或喷嘴过大，需要调整喷嘴的位置增加空气引射量或更换喷嘴。沼气灯的喷嘴直径一般不能超过0.6～0.8毫米，这样小的喷嘴稍不注意被灰尘堵塞也会不亮，故应保持喷嘴清洁。

552. 沼气调控净化器由几部分组成？有什么作用?

以广西“得胜”牌调控净化器为例，沼气调控净化器由压力表、开关、脱硫器、组合式脱硫器外壳等部分组成。沼气调控净化器的作用是脱除沼气中的硫化氢。户用沼气池脱硫有十式脱硫和湿式脱硫两种方法。目前普遍采用的是干式脱硫法，即将活性氧化铁制成颗粒剂装入塑料容器中，当沼气通过调控净化器中的脱硫剂时通过化学反应脱去沼气中的硫化氢。

553. 户用厨房内沼气调控净化器安装有什么要求?

以广西“得胜”牌调控净化器为例，调控净化器安装时要横向偏离灶台50厘米，距离地面150厘米左右。

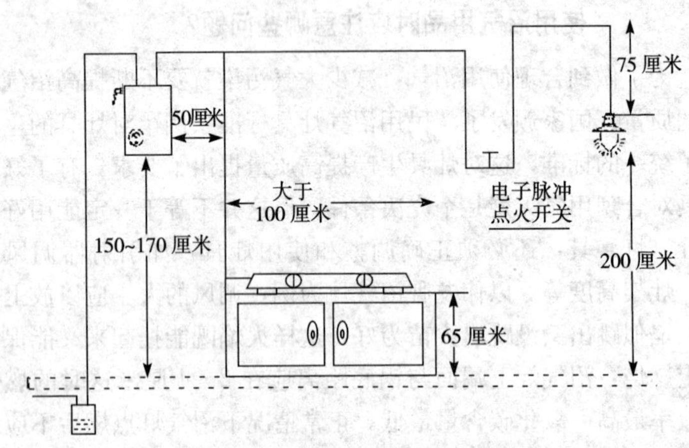

图 23　沼气燃器具室内安装示意图

554. 沼气调控净化器的维护方法有哪些?

①查漏：若有漏气现象可紧固漏气接头处并拧紧软管口处的卡箍。②脱硫剂再生及更换：新脱硫剂使用 3 个月后若脱硫器内脱硫剂由黄变黑说明沼气中硫化氢含量特别高，应将其从脱硫器中取出，使之再生 1～3 天后再装入脱硫器可再使用 3～5 个月，然后需要更换新脱硫剂。③检查软管老化状况：使用 1 年后应检查调控净化器内部软管是否有开裂、破损现象，若有应及时更换软管，若没有也需定期检查以备不测。

555. 使用沼气调控净化器应注意的事项是什么?

以广西“得胜”牌调控净化器为例：①调控净化器一经使用，不得让空气进入脱硫器，以防在脱硫器内进行再生还原反应（此反映会产生强放热过程）。沼气池出料时一定要关闭调控器开关，以防止因大量空气进入脱硫器而导致脱硫器损伤事故。②调控器应在大于 0℃的环境下使用。

556. 为什么说调控净化器中的脱硫剂长期不更换和再生处理，会造成重大隐患？

净化器使用3个月后，应将其中的脱硫剂倒出来晾一晾进行再生处理，否则净化器会起不到净化的作用，做饭时放出呛人的臭味。未经脱硫净化的沼气，一是容易损坏灶具，二是燃烧后放出的含硫气体严重危害人的身体健康，对厨房内的金属器具也有腐蚀作用。所以净化器中的脱硫剂每隔3～4个月就要倒出来晾一下，脱硫剂由黑变黄后才能继续使用，若不能变黄就要更换新的，否则起不到脱硫的作用。

557. 沼气调控净化器常见故障与排除方法有哪些？

（1）脱硫器外壳发生变形甚至烧坏。产生原因：大量空气中的氧气与脱硫器中的脱硫剂发生化学反应并释放强热所致。排除方法：防止空气中氧气进入脱硫器（出料时关闭线路总开关和净化器开关）。

（2）安装脱硫器后出现气流不畅现象。产生原因：运输过程中，脱硫剂颗粒滚进脱硫器进、出气孔，卡住输气管道使气流不畅。排除方法：抖动脱硫器使管道畅通。

（3）脱硫器漏气。产生原因：脱硫器瓶盖内密封垫圈没有装好；输气管与脱硫器连接处密封不良。排除方法：将脱硫器瓶盖取下，把内盖中密封垫圈摆正，重新装上并扭紧；将管道接头连好并拧紧卡箍。

558. 脱硫剂结块的原因是什么？如何避免？

脱硫剂结块是因为沼气脱水不彻底脱硫器内进水。处理方法是：气水分离器安装在室外管道的最低处，同时室内外管道坡度向气水分离器方向。

559. 沼气调控净化器内的脱硫剂再生的具体步骤是什么?

①关闭室外总开关和调控净化器开关。②打开调控净化器内的脱硫盖将脱硫剂在5分钟内全部倒出。③放在阴凉自然通风的地方，严禁放在阳光下曝晒。④脱硫剂倒出后应放在水泥地面上，严禁放在塑料制品上。⑤脱硫剂再生时间应在24小时以上。⑥脱硫剂重新装回脱硫器内时只装颗粒，严禁将脱硫剂粉末装回防止粉末随管道进入灶具喷嘴引起堵塞，同时补足缺失的脱硫剂。

脱硫剂不能在调控净化器内进行再生，因为直接在调控净化器中通入空气来进行脱硫剂再生，脱硫剂遇到空气会发生化学反应，温度急剧生高，很容易把脱硫器烧坏，所以说千万不要图一时省事，而损坏脱硫器，甚至造成重大事故的发生。

560. 脱硫剂再生的方法是什么?

①将失去活性的脱硫剂取出，均匀地平放在平整、干净、背阳、通风的场地上，经常翻动脱硫剂使其与空气充分接触氧化再生。②当脱硫剂中水分含量低时，可均匀喷稀碱液以加速再生速度缩短再生时间，一般经过1～3天左右可装入脱硫器内继续使用。脱硫剂可以再生1～2次。

561. 沼气池大换料时为什么有时会烧坏调控净化器?

(1) 沼气池大换料时必须将调控净化器前的总开关关闭，禁止空气通过调控净化器，因为沼气池换料时通过输气管到调控净化器的气体已不是沼气而是含有氧气的气体，一旦直接进入调控净化器，脱硫剂发生化学反应温度急剧升高会损害调控净化器塑料外壳，而导致调控净化器不能使用。(2) 更换脱硫剂后调控净化器盖子破裂或没有密封好造成漏气，空气进入调控净化器也会烧坏调控净化器。

562. 什么是沼气气水分离器？

目前使用较多的是重力式气水分离器。其分离原理是：沼气池产的沼气由气水分离器进口管进入器体后，因器体截面积远远大于进口管截面积致使沼气流速突然下降，由于水与气的比重不一样造成水滴下降速度大于气流上升速度，水下沉致器底沼气上升从出口管输出。如果没有气水分离器，沼气灶燃烧时输气管里会有水泡声，沼气灶的火焰会忽高忽低像喘气一样，沼气灯一闪一闪，出现这些情况的原因是沼气中的水蒸气在管内凝聚，严重时灶、灯具会点不着火。如果安装了气水分离器就可以解决这个问题。

563. 沼气气水分离器如何安装？

气水分离器应安装在输气管最低处。一般使用6个月后要倒一次水，方法是拔掉气水分离器上的沼气管将气水分离器内的积水倒掉，装上沼气管后要用肥皂水检查该处是否漏气。

564. 沼气点灯时纱罩容易冲破脱落这是为什么？

产生原因：①水泥头破烂，蹭有大孔。②沼气气压过高，沼气气流容易冲破纱罩造成脱落。③纱罩没有安好，点灯时受振脱落。

排除方法：点沼气灯时开灯不宜过大，待纱罩烧成固定形状后，再加气把灯光调到最亮；沼气灯不能受振，最好用玻璃罩保护。

565. 沼气灯纱罩燃烧后为什么不能用手摸？

沼气灯纱罩是用人造纤维或苎麻纤维织成需要的罩形后，在硝酸钍的碱溶液中浸泡，使纤维上吸满硝酸钍后晾干制成的。纱罩燃烧后人造纤维就被烧掉剩下的是一层二氧化钍白色网架。二氧化钍是一种有害的白色粉末，它在一定温度下会发光但一触就会破碎，所以燃烧后的纱罩不能用手或其他物体去触击。

566. 沼气为什么要脱硫？

沼气作为长期提供用户使用的一种气体燃料应与天然气、煤气等一样具有一定的质量标准，其中包括规定允许的有害物质的含量。沼气中的有害物质主要是硫化氢，它危害人体健康对管道阀门及应用设备有较强的腐蚀作用。目前为减轻硫化氢对灶具及配套用具的腐蚀损害，延长设备使用寿命，保证人体健康必须对沼气进行脱硫处理。

567. 沼气饭煲的特点是什么？

①沼气饭煲保持了传统明火煮饭的优点，饭香醇可口。除了煮饭，还可以用来炖焖、煲汤、煲粥、蒸馒头等。②沼气饭煲不仅具有款式新颖，式样美观，功能全面，操作简便，省时省气等优点，而且饭熟后能自动熄火，自动保温，不会煮夹生饭。

568. 沼气饭煲的使用方法是什么？

①饭锅应放置于平稳通风之处并离墙 10 厘米以上，勿靠近其他易燃易爆物品。②使用质优的沼气。③安装时必须使用直径 9.5 毫米的沼气软管，将软管插放饭锅的燃气入口接头并用管夹夹牢固。④饭锅在启用前安装一节 5 号电池于底座的电池盒内，安装时要注意正负极方向。⑤洗米加足水后把内锅的外表面水滴擦干。⑥煮饭前必须将煮饭、保温按键提致上端的位置，然后打开燃气开关。⑦轻缓地按下煮饭、保温按键，电脉冲点火器电极即发出 3～5 秒的连续打火声，火即自动点燃。⑧点火时必须在观察窗观看，确认主燃烧器已正常燃烧后才能离开。⑨饭熟后煮饭按键自动跳起，主燃烧器关闭进入保温状态。

569. 使用沼气饭煲时应注意哪些问题？

①饭锅正在工作时不要随意搬迁移动。②饭锅在有空调设备的室内使用时，必须具备良好的排气装置。③切勿使用有损伤痕迹的胶管或其他非燃气使用的胶管。④安装沼气软管时，切勿让胶管穿过底壳或接触锅壁。⑤如发现电脉冲点火器电极发出的声音断续微弱而点不着火时，就必须更换新的电池。⑥饭锅长期不使用时必须将电池取出。⑦如发现漏气等不正常现象须立即关闭气源，检修好后才能使用。

570. 沼气饭煲故障排除方法是什么？

（1）点不着火。故障原因：忘记打开气源总开关、胶管折曲或压扁、胶管中混入空气、阀体或点火喷嘴堵塞、点火电极过脏、没有装干电池或干电池用旧。排除方法：打开气源总开关、拉直或更换胶管、反复点火排尽胶管内的空气、用直径0.1～0.3毫米的钢丝轻通几下、点火喷嘴用柔软干布清洁点火电极、装上一节新的五号电池。

（2）漏气。故障原因：胶管未接好、胶管有裂口、主燃烧器未点燃。排除方法：接好胶管、更换胶管、待燃气吹散后再点火。

（3）火焰燃烧不正常。故障原因：气源压力不足或过量、喷嘴或燃烧器火孔堵塞。排除方法：检查压力表、清除堵塞物。

（4）煮焦饭或夹生饭。故障原因：内锅未放正、内锅底部变形、感温器表面弄脏、感温器故障、水量过多或过少。排除方法：放正内锅、更换新的内锅、清洁感温器表面、放入适量的水。

571. 沼气饭煲在煮食物时出现煮焦而燃具不能熄火的原因是什么？如何处理？

①感应器失灵，需要更换感应器；②开关总成的连接杆被卡

失灵，需找出卡点排出故障；③饭煲锅底变形与感应器接触不良，需校正锅底或更换新锅；④饭煲内食物容量太少，需适当增加食物容量；⑤锅未摆放平整，需重新摆放平整；⑥感应器连接杆弹簧损坏（含变软）或被卡住，需更换弹簧或检查其卡点所在并排除；⑦沼气开关总成内柱塞密封圈老化或损坏，需更换密封圈；⑧柱塞周边或密封圈被异物堵塞，需清除异物。

572. 沼气饭煲保温功能丧失的原因是什么？如何处理？

保温功能丧失的原因是进入保温燃烧器的通路堵塞，需清除通路堵塞物。沼气饭煲在饭未熟而过早跳闸的原因是感应器失灵，需更换感应器。

573. 沼气热水器一般由几部分组成？

热水器一般由：水供应系统、燃气供应系统、热交换系统、烟气排除系统、安全控制系统5部分组成。

574. 如何选择沼气热水器的安装位置？

沼气热水器燃烧需要足够的沼气，一个每分钟出水7升的沼气热水器，每小时需要2米^{3}沼气。沼气热水器燃烧沼气后产生的烟气中主要成分是一氧化碳及微量的二氧化硫。同时沼气热水器在燃烧时需要大量的空气，当燃烧空气量不足时，会使有害气体的数量增加，污染空气损害人体健康，严重时会使人中毒、死亡。因此，正确选择热水器安装位置是避免发生安全事故的重要工作。一般安装位置在厨房并打开门窗或安装在洗澡间外墙。

575. 沼气热水器的使用方法是什么？

①将2节1号干电池按极性装入电池盒中。②打开通向热水器的沼气开关（阀门）和进水开关（阀门）。③将热水开关打开，便会自动点火。新安装的热水器因管路里有空气一次可能点不

燃，间歇重复几次待空气排出后便能点燃热水器。④如水压不够导致热水器点不着，要安装小型水泵或建高位水箱。⑤调节水气两旋钮得到您所需要的水温后使用。⑥自装混水阀的用户不宜将冷水开得太大，避免分流后影响热水器正常工作。⑦局部地区水压过大（水量调不小）出现水不热时，应关小进水开关（阀门）。⑧使用热水器时若中途停用，只需要关闭出热水阀门或进水阀门，水流停止后热水器自动熄火。⑨使用完毕后要分别关闭热水器的进水阀门和沼气阀门。

576. 使用沼气热水器为什么要经常做安全检查?

因为安全问题高于一切，在使用沼气热水器时要经常不断地用肥皂水涂在管路的连接处，检查是否有沼气泄漏。使用中发现异常时应随时关火检查。如发现漏气应立即关闭气源打开门窗通空气，禁止使用一切火源及电器开关以免引起事故，排除故障后才能再使用。沼气热水器附近不可放置易燃、易爆有腐蚀性物品。

577. 多功能沼气取暖灯的特点是什么?

以广西“得胜”牌高效取暖灯为例：它采用高温搪瓷双层反射外罩，高热能红外线循环燃烧器集取暖、保温、消毒、照明为一体，循环燃烧、反复照射、高效节能、环保卫生，适用于家庭、养殖场、农作物等保温、消毒、取暖等。

578. 如何使用多功能沼气取暖灯?

以广西“得胜”牌高效取暖灯为例：安装时先将红外线燃烧器主体从反射罩中孔穿过（注意定位孔）并轻轻转动固定，装好输气管。取暖灯燃烧时红外线燃烧器应为透红色为最佳，飞火时应关小风门、离焰时应开大风门，直至调节到最佳效果为止。

579. 使用多功能沼气取暖灯时应注意哪些问题?

①取暖灯必须安装在小孩不能触摸到的地方。②安装时上、下、左、右 50 厘米以内不得有易燃物品。③必须安装在空气流通的地方，若空气流通较差，使用时应同时开启排气扇和打开门窗使空气流通，防止缺氧和燃烧不完全产生一氧化碳中毒事故。

580. 沼气输配管线应具有哪些优点?

管线最好使用 PE 半硬管直径 16 毫米。它具有密封性能好、强度高、布线平、无阻塞、组装灵活、管道压力损失小、耐酸耐碱性能好、使用寿命长、可防虫蛀鼠咬等优点。

581. 沼气管路之间如何进行连接?

以 PVC 硬管及 PE 半硬管产品为例，具体操作要求是：①硬管或半硬管之间应采用螺纹连接。②硬管或半硬管与软管的连接可采用套接并应紧固。③硬管或半硬管与产品之间可通过软管进行套接，并用卡扣将接口卡紧。

582. 沼气管路排水如何操作?

地下管坡度的最低点应设置气水分离器，或在室内水平管段的坡脚或直立管的下端安装气水分离器。

583. 室内沼气管件安装的要求是什么?

①室内管路应沿墙、梁或屋架敷设，牢固地用钩钉或管夹固定在房屋的构件上。管路从室外地下引入室内的外墙穿孔，在管顶上方或下方应保留有 5 厘米以上的空隙，管路水平管段的坡度应不小于 1%，并向立管方向倾斜。②立管与明火的距离应大于等于 60 厘米。③要求调控净化器位置偏离灶具左或右 50 厘米，不能安装在双眼灶具的中间。④连接灶具的水平管段应低于灶面 5

厘米是为了保护管路，安装时应加以注意。⑤管路距离烟囱应大于等于60厘米，距离电线不得小于30厘米。⑥立管上固定点的间距应不超过1米。⑦水平管上固定支点的间距小于等于0.8米。

584. 室外沼气管路安装有几种方式？

有两种方式：①地下埋管方式；②沿墙高架方式。

585. 对室外地下埋管的安装要求是什么？

①南方地区管路埋设深度不得小于0.2米；②北方地区管路埋设深度应在冻土层下0.1米；③地下沼气管路与其他地下管路相交或平行时至少应有20厘米的净距，不得直接接触、交叉。管沟宽度以小为宜，沟底平整并应设有1%以上的坡度，不得露有尖锐石块。如遇挖掘过深或沟底土质松软，应用细土或黄沙回填或更换后夯实。

586. 对室外高架管路的安装要求是什么？

①室外管路高架应埋设支架，支架高度应大于1.8米，支架间应用铁丝固定，管路沿铁丝固定。②沿墙敷设部分应高于2米固定，同时应采取保温防晒措施。

587. 地下水位较高时地埋沼气管线如何施工？

可预先将管道在沟旁地面进行连接并进行气密性试验合格，待管沟挖成即下入沟内，避免沟底受地下水泡浸变软影响管路坡度。管段入沟后应随即覆土，以防重物或尖硬石块落入沟内损伤管道。回填土时沟内如有积水应先抽干，然后用细土覆盖管子周围，分层回填结实但不应使管道受到冲击。

588. 铺设沼气管线时对管道系统技术上有哪些要求？

①管道系统的设计应尽量直、尽量近，沼气池与灶具距离不

超过 25 米，以减少管道的压力损失。②所有管道接头要连接牢固、严密防止松动漏气并尽量减少阀门等管件，以减少局部压力损失。③管道拐弯处不要太急拐角一般不应小于 120°，需要时应该安装弯管，管道直径 1.6 厘米。

589. 沼气产品安装前应做哪些质量检查？

安装前应检查输气管是否有破损，输配气系统中各种管件的规格尺寸与连接弯头、三通、开关等是否匹配。管线产品的直径一般是 16 毫米，所以要求使用 10 毫米的软管与半硬管的变径连接。

590. 沼气管路安装的顺序是什么？

输配气系统中产品安装顺序是：从沼气池出口（即导气管）依次为总开关、管线、气水分离器、管线、沼气调控净化器、三通、开关、沼气灶和沼气灯。

591. 在整个沼气管路上为什么提倡安装 3 个开关？

在输气管线上配置 3 个开关并安装在合理的位置上，能充分发挥安全保护、控制调节、方便使用的作用。①沼气池出口必须安装总开关。②在沼气灶之前安装一个开关固定于墙上（伸手能方便操作处），用以控制沼气灶的灶前压力和沼气输送。③沼气灯前应安装一个开关控制沼气灯的灯前压力和沼气输送，位置以能固定并伸手能方便操作处。

592. 沼气池出口为什么必须安装总开关？

沼气池出口必须安装开关（总开关），以保证人身和产品的安全，便于沼气池出料或故障检查维修时用。如果没有安装这个开关，出料时料液低于连通口空气进入沼气池，顺着管路进入脱硫器将导致脱硫器损坏。

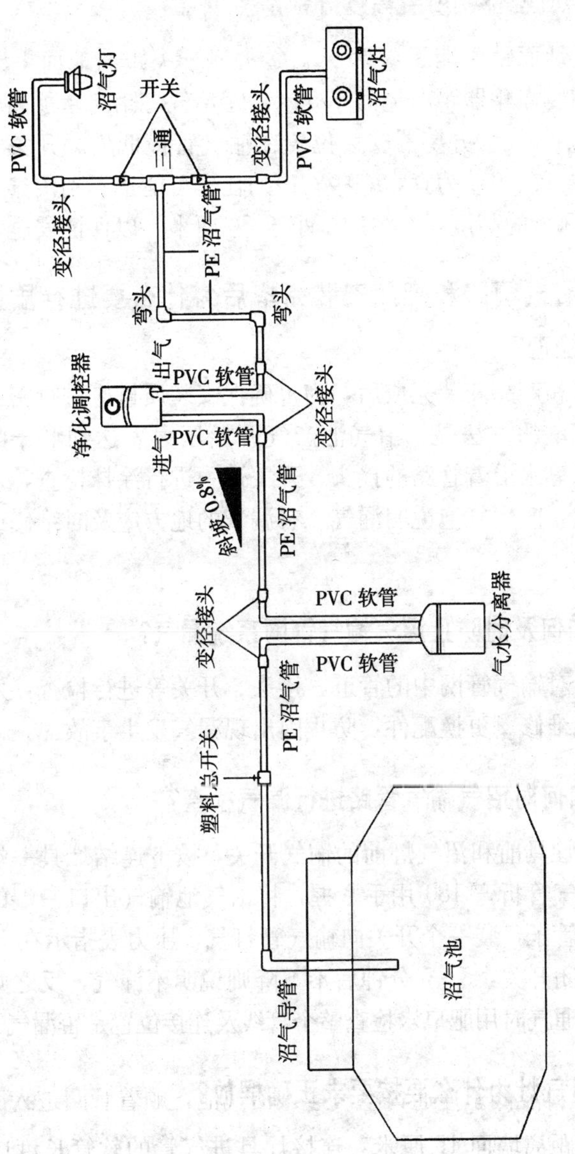

图 24　沼气管路配套设备安装示意图

593. 沼气配件的安装高度分别是多少?

①沼气灶灶面距离地面 0.65 米。②控制开关距离地面 1.45 米。③沼气调控净化器距离地面 1.5 米。④沼气灯距离屋顶高度大于 0.75 米。⑤气水分离器安装位置在输气管最低处。开关安装高度以伸手可以扭动为宜，一些农户的住房可能达不到沼气灯距离屋顶 0.75 米的高度，至少应不小于 50 厘米，以保证安全。

594. 沼气管路和产品安装完毕后为什么要进行质量检查?

沼气管路和产品安装完成后，为了确保安装质量应进行密封性能检查。简单的方法是：沼气池产气开始压力表达到 8 千帕时，可以用肥皂水沿着管路的接头、开关逐一进行涂抹检查，观察是否有气泡，产生气泡说明漏气，有漏气的地方应及时维修或者更换。

595. 如何及时防止沼气输气管网系统漏气?

应不定期对输气管网中的管道、接头、开关等进行检查，发生问题应快速维修、更换配件，防止因出现漏气发生事故。

596. 如何对沼气输气管路进行漏气检查?

关闭沼气灶具前和沼气灯前的输气开关，拔下连结灶具一端输气管，把输气管折弯 180°用手紧握，将沼气池输气出口一端的开关关闭拔开管子，装一个开关向输气管打气，压力表指示在 10 千帕时迅速关闭开关，3～5 分钟后不下降则说明不漏气，反之则漏气，或者在通气时用肥皂水检查整个管线及连接位置是否漏气。

597. 沼气灶为什么要按要求正确摆放?

沼气灶应距离墙面 15 厘米，连接灶具进气管的软管长度应保持沼气输送畅通，输气管路不允许过短或过长、盘卷，不得扭曲，不得 90°折扁。沼气灶的安装应严格按照标准的要求执行。农户需要移动沼气灶可以另外配软管，尤其注意保持灶具与墙的距离，以保持软管与硬管连接的适当长度，保证软管不扭曲和折扁，使沼气灶正常使用。

598. 沼气灯的安装要求是什么?

①沼气灯输气入口的输气管不应弯曲和盘卷，沼气灯前应安装开关。②沼气灯点火器的点火线应在反光罩侧面走线，不要盘卷在沼气灯散热罩上。

599. 如何调节沼气灯风门?

一般情况下调节风门后，沼气灯能够正常起晖，纱罩上不会出现明火，灯的照度正常。风门调节不起作用时应关断沼气，查看沼气灯喷嘴与引射器的位置是否正确，喷嘴不应占风门的位置，一定要把风门空出来再调节风门位置，直到纱罩燃烧状况正常 20 秒内起晖为止。

600. 如何利用沼气快速烧好纱罩?

①将纱罩拉直捆扎在沼气灯泥头上，将纱罩口的皱褶分布均匀，把过长的扎口线剪掉。②打开开关通沼气将灯点燃，纱罩全部着火烧红后慢慢地升高沼气压力并后移喷嘴或开大风门，在高温下纱罩会自然收缩发出乓的一声响并放出白光即成。

601. 发生沼气灯玻璃罩破裂的主要原因是什么?

①沼气灯开始使用时带玻璃罩烧纱罩，使玻璃罩受热不匀，变化不均发生破裂。②纱罩带火焰燃烧造成玻璃变化不均发生破裂。③沼气灯喷嘴与引射器的位置不当，喷嘴位置太靠下挡住了风门，使沼气灯带火焰燃烧造成玻璃罩破裂。

602. 为什么脱硫剂使用一段时间后必须要进行再生?

目前采用最多的脱硫剂是氧化铁。脱硫器一般使用3个月后,其内的脱硫剂就会变黑失去活性使脱硫效果降低,也可能板结而增加沼气输送阻力,严重时沼气会被阻塞不能通过而点不着火,此时必须将脱硫剂进行再生处理。

603. 人力出料器的特点是什么?

人力出料器具有不耗电、制作简单、造价低、经久耐用、不需撬开活动盖就能抽起可流动的沼肥等优点,适应农户随用随出的习惯。

604. 沼气池安装沼液循环泵能起到什么作用?

沼气池安装沼液循环泵是为了起搅拌的作用,同时不降低沼液浓度,还保持沼气池内的温度使其正常产气。另一个作用是可以冲厕所和猪圈。

605. 什么是沼肥抽运车?

沼肥抽运车是一种与小型机动车配套的吸装和运载液肥的装置,由粪罐和手扶式拖拉机或小四轮车组成,利用机动车的动力,自吸式抽取能流动的粪液,并利用机动车的动力把沼肥运到用肥的地方。罐体常为0.8米^{3}至1.2米^3,一般8分钟左右能抽取一罐。必备条件是沼气池出料间离机车的位置一般不超过20米。

第七章　沼气池故障排除与维修

606. 如何分辨沼气池是否有故障？

分辨的方法是：把沼气池与输气线路从导气管处断开，封闭导气管向输气管打气观察压力，如果压力下降不明显说明输气管路不漏气，是沼气池有问题。如压力下降明显说明输气管路漏气。

607. 沼气池产生故障分几种形式？

沼气池产生病态分三种：漏水、漏气和不产气（包括产气少）。

608. 如何确定沼气池故障种类？诊断方法是什么？

确定沼气池故障种类的方法是：把池内残存气体排除尽，将沼气池的导气管封闭，封闭导气管的物件要严格检查不漏气，使料液不进入沼气池并在出料间适当位置作标记，然后观察出料间料液变化。夏天观察1～2天，冬天观察3～4天，8小时记录一次出料间的料液上涨或下降高度。料液变化分5种情况：①出料间料液上升较低，多数情况是10厘米以下，个别情况在20厘米以下，以后不再继续上升说明沼气池漏气，也有个别情况是进、出料口水位线附近漏水；②出料间料液下降并产生负压则是沼气池漏水；③出料间料液下降又不产生负压，则是沼气池漏水又漏气；④出料间料液缓慢继续上升说明沼气池不漏水、不漏气而是产气少；⑤出料间料液不升不降2～4天都保持原水位高度，则应在短时间（一般半小时左右）内加入水 30 千克左右并立即观察出料间水位高度变化，如出料间水位下降至原水位高度则是沼气池漏水，漏水部位经常是在水位线附近。如果水位下降但未下降至原水位高度，则是沼气池漏气。如水位不下降则是原料发酵的问题。

609. 查找故障池漏水、漏气点的方法是什么？

将池内残存气体排尽后，出清料液，清洗池体，趁池壁上的水未全干时技术员下池检查，技术员下池前动物必须先下池做安全试验。首先用肉眼观察有无湿纹、湿点出现，一般缝宽 0.08 毫米以上都能看见，因为有孔、缝的地方吸水多、干得慢一般都能找到漏水漏气部位。如未发现病态部位则可用稀水泥素浆刷全池一遍，趁水泥素浆未全干时技术员再下池仔细检查，如还未发现漏水漏气的部位则是微量渗漏。

610. 故障沼气池的维修程序是什么？

抽出全部料液→动物下池做安全试验→清洗池体→修理损坏部位→粉刷密封→养护→试气试压→投料启动等。

611. 如何选择沼气池维修施工材料？

维修病池用的水泥、砂、水、石灰膏必须保证质量并且严格计量。常用 425 # 以上水泥，水泥砂浆比例用 1∶1～1.5 的重量比，石灰混合砂浆比例（重量比）为：水泥∶石灰膏∶砂＝1∶0.2～0.3∶1～1.5，另加 0.5 重量比的水。

612. 对故障池孔、洞、缝如何修补？

（1）漏水、漏气的孔洞一般都很小，缝则用很尖的錾子剔成Ｖ形，剔时要仔细看跳渣，根据跳渣形状变化确定缝口是否已到漏缝端点。没有缝或孔的跳渣形状为倒锥体或扁平状，有缝或孔的跳渣有一边与缝或孔的形状一样。

（2）V形口边的原抹灰缝和孔洞都应先刷浆然后根据深浅分2～3次补平、压实，最后一次要收光，缝要补成鱼背形状。

（3）漏气的缝口和孔洞补好后，贮气间或全池应用石灰混合砂浆抹1～2遍，每遍厚2毫米左右然后刷水泥素浆2遍以上，最后用广西“火龙”牌沼气密封涂料再横、竖各刷一遍。

613. 对故障池空鼓、翘壳如何修补？

首先用很尖的錾子打掉全部空鼓、翘壳的抹灰，打时注意要垂直方向打不能水平方向撬，空鼓、翘壳的地方必须全部打完并稍微扩大。抹灰方法同孔、洞、缝的修补一样。

614. 对故障池微量散漏如何修补？

刷水泥素浆4遍以上，刷时注意浆的稀、稠适当以干不起皮、稀不掉浆、先浓一点，带一点水下池后稀一点。再根据池子的基层干湿度和地温而定，横、竖各刷2遍。然后用广西“火龙”牌密封涂料再横、竖各刷一遍。

615. 导气管与池盖衔接处漏气如何修补？

最好池盖内面抹灰2～3遍，水泥与砂的比例为1∶1。池盖内抹灰做不到时可在池外抹灰，此时应把导气管周围錾深一点，分2～3遍用水泥砂浆抹平、抹光，也可重新安装导气管。

616. 沼气池池基下沉漏气如何处理？

挖去池底开裂破碎部分，清除松软基土用卵石或石块填实，然后在池底浇筑150号混凝土，厚度为80～90毫米，表面粉刷1∶2.5水泥砂浆。

617. 防止沼气池活动盖漏气的密封方法是什么？

将活动盖用黏土泥密封后，经试压确认泥封圈不漏气，然后用手指把泥土封圈抠出约1厘米深的沟槽，用水泥素灰或用广西“火龙”牌沼气池密封剂溶液配制的水泥素灰把沟槽填满，并且凸出约1厘米，再用抹子向两边抹压并收光、养护、凝固即可。

618. 沼气池池墙与池底连接处裂缝如何修补?

先把裂缝剔开一条宽20毫米、深30毫米的围边槽，并在池底和围边槽内浇筑一层细石混凝土，使之连接成一个整体，然后在混凝土上抹一层水泥砂浆，再刷3～5遍水泥砂浆。

619. 沼气池进、出料管裂缝如何修补?

进、出料管裂缝或断裂脱节时，应将断裂的管子挖出重新安装。安装前必须将管子内外刷水泥浆2～3遍，连接处用细石混凝土填充、压实、抹光，然后在接头处粉刷一层水泥砂浆。

620. 沼气池出现裂缝、漏气现象的主要原因是什么?

①水泥的质量问题。发酵池和贮气间都是用水泥铸成的，有的农户在建造沼气池时不慎买到劣质水泥，导致沼气池成型后久久不能凝固或凝固后出现裂缝。②建池后的养护问题。发酵池和贮气间用水泥筑成后需要至少14天的养护过程，这个过程中需要浇水保养。但是，有的农民由于缺乏这方面的知识或未给予重视而疏于保养，导致沼气池建成投料使用后才发现发酵池、贮气间出现裂缝、漏气现象。

621. 沼气池贮气间漏气而又找不到明显问题时如何处理?

对于找不出明显的裂缝，而是由毛细孔造成沼气池贮气间的慢性漏气，而可先将贮气间池壁用砂浆粉刷，内表面涂刷广西“火龙”牌密封涂料2遍。

622. 沼气池浸水如何用水泥石膏粉共热堵漏？

取1：2的水泥石膏粉放入锅中用小火炒并不断翻炒，当温度升至180℃时起锅快速运到池内，用瓦刀铲起放在漏水部位用砂袋压数秒钟便可凝固，从而达到堵漏的目的。对于浸水流量大的部位更为有效。

623. 沼气池浸水如何用黏黄泥加棉花堵漏？

先将棉花扯松与黄泥混合捶绒做成较小的泥条或泥团，在渗水处凿成内大外小的孔洞，洞深40～50毫米，将泥团塞放洞内用力压紧。再用事先加热的干砂用开水配制1：1水泥砂浆，内加3%的食盐拌和后立即将砂浆填入孔洞内，深度为20毫米，压实抹光，再用灰包吸水以加速凝结然后用水泥素灰粉刷。

624. 沼气池浸水如何用防水胶泥堵漏？

防水胶泥的材料是水泥、砂、石膏粉。先将水泥和砂分别在锅内炒热至50～60℃，再按水泥：沙：石膏粉的重量比1：1：0.5配合，加水拌和后即成防水胶泥。将其立即塞入漏水处堵漏后，要用灰包吸水加速凝结，然后用1：2.5的水泥砂浆粉刷。

625. 沼气池浸水如何用水泥石膏粉堵漏？

按水泥：熟石膏粉：食盐重量比1：0.1：0.03配合，用开水拌和，横竖各刷浆一遍，可堵大面积的微量渗水。

626. 沼气池密封层损坏如何维修？

①先将粉刷层脱落、翘壳、龟裂等损伤部位铲净凿毛，铲凿面积应大于损伤面积。②采用五层作法修复：第一层素灰层，水灰比控制在0.35以下2毫米厚，分两次施工每次1毫米厚用铁抹子反复抹压5～6遍使之渗入基层孔隙。第二层水泥砂浆层，

配合比为1∶3.5，刷浆2毫米厚，在第一层凝固以前粉刷，用扫帚扫一次使之与第二层黏结。隔一天后作第三层素灰层，先用水润湿作法与第一层相同。第四层水泥砂浆层，在第三层凝固以前施工，采用1∶2.5水泥砂浆注意在终凝以前反复压实抹光，要求表面光亮、不翻沙、无裂纹。第五层素灰层和第四层一起抹压，边抹边压防止水分蒸发后留下孔隙。

627. 为什么说沼气密封剂是沼气池渗漏的克星?

以国标广西“火龙”牌沼气密封剂为例，它是由多种微量成分配制而成的膜物，以水泥做增强剂，调制而成的一种新型涂料，涂刷后填充池墙体水泥内层的孔隙，充分利用水泥的强度在池墙水泥内层形成薄膜，从根本上解决沼气池渗漏问题的同时提高水泥的耐腐性，增长沼气池的使用寿命，省工、省材料、池面光亮坚硬、无隔层，克服了面层涂料易脱落、易水解、易聚折、易老化的缺点。

628. 为什么说人需要进入沼气池时，一定要采取安全防范措施?

正常情况下沼气池内几乎没有氧气，加上二氧化碳含量高达20%以上，还有硫化氢等有毒气体。人若需要入池出料或维修时必须事先在专业技术人员的亲自指导下进行，并事先进行动物下池安全试验，经确定无危险的情况下采取有力的安全措施，执行严格的操作规范。严禁私自入池以免发生意外死亡。

629. 沼气池内为什么不能用明火照明?

沼气是易燃气体，遇火就会猛烈燃烧。已装料产气的沼气池在入池、查漏、维修时，只能用手电筒或银镜反光照明，绝不能使用煤油座灯、马灯、蜡烛、火把、打火机等明火入池照明，也不能在池口或池内吸烟以免池内残存沼气燃烧发生烧伤事故。更不能采取向沼气池内丢火团先烧掉沼气再点明火入池的办法。这种办法很不安全，容易发生烧伤或窒息事故。凡揭开活动盖进行维修、加料或搅拌时，不能在盖口吸烟、划火柴或点明火，如果沼气池建在室内应更加注意。

630. 为什么沼气池每次大换料后要对池内壁进行检修?

由于受料液酸碱的侵蚀，在沼气池使用一段时间后有部分水泥材料和粉刷材料脱落，其密封性能被破坏发生沼气渗漏现象。因此，每次大换料时应将池壁洗刷干净，再将被腐蚀的坑洼抹刷平整，然后刷1～2遍纯水泥浆或密封涂料。

631. 怎样防止沼气中毒和人畜掉入沼气池内?

沼气中毒或伤亡事故往往发生在入池检修、出料或由于进、出料口不加盖人畜掉入沼气池内。只要做到以下几点就可杜绝：①沼气池应设天窗加活动盖。出料前先打开活动盖放尽沼气，让空气流入排走有毒气体，从水压间出料口抽出料液，待进料管下口和出料口粪门露出池底池内空气流通后，再入池出料或检修。②入池前应先用动物试验，可将鸡、鸭、兔等动物放入池中试探50分钟，如果动物无异样反映，人就可以入池。入池人员如果感到头昏、发闷、不舒服要马上到池外空气流通的地方休息。③进料口和水压间一定要加盖板防止人畜掉入池内。

632. 沼气池活动盖揭开数天后，为什么还会发生窒息中毒事故?

①这些池子有的可能是进、出料口被粪渣堵塞空气不能流通；有的池子建在室内空气流通不好又没有向池内鼓风，不能把池内的残留气体安全排除。②沼气池打开活动盖后，甲烷、一氧化碳等比空气轻的气体逐渐跑出池外，而二氧化碳比空气重（为空气的1.52倍)，在空气流通不良的情况下仍能留在池内，造成

池内严重缺氧。所以，如不采取措施入池后仍会造成窒息中毒事故。

633. 沼气池造成安全事故的主要原因有哪几个方面?

沼气池是严格密封的，池内充满了沼气而氧气含量极少，一些有机物在厌氧发酵环境下也会产生一些对人体有毒的气体，如果人进入沼气池内检修或清除沉渣时，事先不采取通风等安全措施就会发生中毒、窒息事故。原因有以下几个方面：①人进入沼气池内之前未打开沼气池活动盖，残留在沼气池内的沼气未被排除，池内严重缺氧二氧化碳浓度高造成中毒、窒息。②虽打开沼气池的活动盖但未向沼气池内通风，池内缺乏充足的新鲜空气。所以，如不采取安全措施入池后就会造成中毒、窒息。③新建沼气池装料后就会发酵产气。如需继续加料只能从进料管或活动盖加入。如果人进入池内加料就极有可能发生中毒、窒息事故。④在发生入池人员中毒、窒息时抢救人员惊慌失措，未采取任何安全措施就仓促下池抢救中毒人员，会造成连续发生人员中毒、窒息事故。

634. 在清除沼气池内沉渣或维修沼气池时需注意哪些安全事项?

（1）清除沼气池内沉渣或修补沼气池时，首先要把输气管取下，发酵原料至少清除到进出料口挡板以下，有活动盖的要将活动盖揭开并用风车等向池内鼓风，当池内有了充足的新鲜空气后并经过动物安全试验人才能进入池内。

（2）入池前应先进行动物试验，将鸡、兔等动物用绳子拴住慢慢放入池内50分钟。如动物活动正常说明池内空气充足可以入池工作。若动物表现异常或出现昏迷状态，表明池内严重缺氧、二氧化碳浓度高或有残留的有毒气体未排除干净，这时要严禁人员进入池内并要继续通风排气。

（3）在向池内通风和进行动物试验后，下池的人员要在腰部拴上绳子搭梯下池，池外要有1～2人看护，一旦发生意外时，能迅速将人拉出池外进行抢救。入池操作人员如果感到头昏、发闷、不舒服要马上离开，到池外空气流通的地方休息。

（4）为了防止沼气池内产生有毒气体，严禁将菜籽枯加入沼气池内。因油枯在密闭的条件下能产生有毒气体磷化三氢，人接触后极易中毒甚至死亡。

（5）沼气池大换料清除沉渣时，最好使用出料机具，尽量避免人进入池内。

635. 在沼气池内窒息、中毒时如何进行紧急抢救?

入池人员若发生窒息、中毒时要迅速组织人员进行抢救，抢救时要沉着冷静、动作迅速切忌慌张以免发生连续窒息、中毒事故。抢救的步骤：①首先要用风车或防暴电风扇连续不断地向池内输入新鲜空气，同时入池前进行动物安全试验，无危险后迅速搭好梯子组织抢救人员入池，抢救人员要拴上保险绳。②人入池前要深吸一口气最好口含一直径3厘米以上塑料胶管通气，胶管的一端伸出池外，尽快把昏迷者搬出池外放在空气流通的地方。③如已停止呼吸要立即进行人工呼吸，做胸外心脏按摩等；严重者初步处理后要迅速送往就近医院抢救。④如池内有粪液应先用清水冲洗面部掏出嘴里粪渣，并抱住昏迷者的腹部让头垂下，使肚内粪液吐出再进行人工呼吸和必要的治疗。

636. 沼气池的越冬管理应注意什么问题?

（1）将沼气池建在猪圈内地下，既节约沼气池的占地面积又方便进料，冬季比圈外沼气池可提高池温3～5℃，是提高沼气池冬季产气率的有效措施。

（2）提高料液浓度以料保温。入冬以前秋末气温较高时，最好给沼气池进行一次大换料。加料时应多加些马、牛、羊、鸡、鸭、鹅、兔等畜禽粪便以及蚕沙、酒糟等热性原料，以提高发酵温度，这叫做“以料保温”。同时将池外堆沤改为池内堆沤处理，可以利用原料分解释放的大量热能增加池温。

（3）覆盖塑料膜、柴草等保护池温。冬季覆盖塑料膜、柴草和泥土保护沼气池温度的做法是：在池体上面 3～4 米的范围内覆盖塑料膜两层，上面放置麦秸、豆秆、玉米叶、稻草、树叶等 1 米厚，然后在覆盖物外围增设一排防风屏障，可以用土砖砌成 1 米高的外墙或用玉米秆竖一排加厚墙。如果在池体上堆沤发酵原料效果更好。在池体进行保温覆盖的同时要在进、出料口上加盖并覆盖塑料膜两层及柴草等。

（4）给猪圈顶部及圈墙四周覆盖塑料膜两层，既保持了沼气池温度又保持了圈温一举两得。

637. 对正常使用的沼气池为什么也要进行维护?

因为：①沼气池经过一段时间使用后，池体内壁上或多或少地都受到了发酵原料腐蚀。因此，在大出料后必须及时在池内壁用高标号水泥浆刷 2～3 遍。②混凝土或砖砌筑的沼气池，可将池体周围打成毛面，用 1∶1 的水泥砂浆涂刷，并用力压实抹光，然后再用高标号水泥浆刷 2～3 遍即可。③对池内储气间部分涂刷的砂浆脱落或已翘壳要全部铲除并清扫干净，然后抹平再用高标号水泥浆刷 2～3 遍。④对导气管与池盖衔接处容易漏气的地方，把衔接处剔缝重新用水泥砂浆黏结并加高、加大水泥砂浆护座。⑤对轻微漏气的储气间部分可用高标号 1∶1 的水泥砂浆，交替涂刷 2～3 遍即可。除用高标号水泥外，再使用广西“火龙”牌沼气密封剂横、竖各刷一遍保漏效果更好。

638. 使用沼气不慎发生火灾应该怎么办?

①要立即截断气源使沼气不再输入室内，同时迅速组织力量

灭火。②集中建池的院子若有一户发生火灾时，邻近农户除停止用气外都要在室内、外迅速隔绝气源，以免火灾蔓延。

639. 沼气池在什么情况下会发生爆炸？怎样防止？

引起沼气池爆炸的原因一般有两种：一是新建的沼气池装料后，不正确地在导气管上点火试验是否开始产气引起回火，使池内气体猛烈膨胀爆炸造成池体破裂。二是出料时池内形成负压，这时点火用气容易发生内吸现象，引起火焰入池发生爆炸。防止方法：第一，检查新建沼气池是否产生沼气时，应用输气管将沼气引到灶具上试验，同时距离沼气池至少应达到 15 米以上，严禁在导气管上直接点火试验。第二，池内如果出现负压，就要暂时停止点火用气并及时投加发酵原料，等到出现正压后再使用。

第八章　沼气及其发酵残留物的综合利用

640. 什么叫沼气的综合利用？

沼气的综合利用就是把沼气及其发酵残余物（沼液、沼渣）进行多种、多层次利用，从而获得经济及生态方面的综合效益。

641. 怎样理解沼气的综合利用？

目前，沼气的利用已由过去单纯用作炊事燃料和照明的领域向生产、生活等综合领域发展。沼气系统本身的功能也日益拓宽，它已成为一个具有能源、生态、环保和其他社会效益的多功能综合系统，其经济效益日益提高。近年来，尤其在开发沼气各种残留物的综合利用上取得很大成效，它们可以作饲料、饵料发展畜牧业和渔业生产；可作肥料生产无公害（无污染）的粮、菜、瓜、果和其他经济作物；可代替部分农药浸种、拌种、喷施防治病虫害；可作培养基生产食用菌；还可繁殖蚯蚓为畜禽提供高蛋白饲料。沼气本身的利用也有了很大发展，除直接发电或油气混烧发电也可用于焊接、熨烫、储粮灭虫以及保鲜等，形成种植业、养殖业、能源加工工业等多环节、多层次的综合利用良性循环和高效益的新兴能源产业，其发展空间日益扩大。

642. 以沼气为纽带实行种养加综合利用的主要模式有几种？

（1）稻—猪—沼—稻模式：用稻谷、稻秆、谷糠等养猪，猪粪入池产沼气，沼气做饭、点灯，沼肥还田种稻，添加沼液喂猪。沼液还可以替代部分农药浸种、拌稻防治病虫害。此模式链条短、见效快应用广泛。

(2) 桑—猪—沼—果（茶等）模式：用桑叶养蚕，蚕渣喂猪，猪粪入沼气池产沼气用于蚕室加温、照明，沼肥返地施桑树、果树、茶树等。

(3) 鸡—猪—沼—孵鸡模式：鸡粪喂猪，猪粪入池产沼气用于孵小鸡，沼渣饲养蚯蚓，沼液种青饲料，蚯蚓和青饲料用来喂鸡和猪。

(4) 鸡—猪—沼—菜（鳝鱼）模式：在猪圈上建鸡笼养鸡，鸡粪落地喂猪，猪圈下面建沼气池，沼气煮猪食，沼肥饲养鳝鱼或返地种菜。

(5) 猪—沼—泥鳅—甲鱼—果（蔬）模式：用猪粪入池，沼气做生活燃料，沼气灯诱蛾喂鱼，沼肥养青蛙、泥鳅，青蛙、泥鳅喂甲鱼，塘泥返土培育果树和蔬菜。

(6) 猪—沼—蚌模式：猪粪入池产沼气，沼气点灯诱蛾喂鱼，沼液喂猪、养鱼、养蚌育珠。

(7) 猪—沼—菇模式：猪粪入池产沼气，沼渣培育食用菌，菌糠做肥下田 。以上 7 种模式有一个共同点就是以畜牧业为动力，以家庭为依托，以沼气为纽带促进养殖业、种植业发展，组成资源良性循环系统，大大提高经济效益、能源效益和社会效益。

643. 沼液中的养分主要有哪些?

沼液中存留了丰富的氨基酸、B 族维生素、各种水解酶、某些植物激素、对植物病虫害有抑制作用的物质，因此可用来养鱼、喂猪、喂羊、喂牛、防治作物的某些病虫害，有着较广泛的综合利用前景。

644. 沼渣的养分主要有哪些?

沼渣是人畜粪便、农作物秸秆、青草等各种有机物经过沼气池厌氧发酵产生沼气后的底层渣质。沼渣中含有较全面的营养元素和丰富的有机物质，具有速缓兼备的肥效特点。沼渣中的主要养分为有机质、腐殖酸、总氮、总磷、总钾。

645. 沼液与沼渣相比养分含量有什么不同？

沼液是沼气发酵后的残留液体，其总固体含量约小于1%。沼液与沼渣比较虽然养分含量不高，但其养分主要是速效性的。这是因为发酵物长期浸泡于水中，一些可溶性养分自固相转入液相提高了速效养分含量。沼渣是人畜粪便、农作物秸秆、青草等各种有机物经过沼气池厌氧发酵产生沼气后的底层渣质。沼渣中含有较全面的营养元素和丰富的有机物质，具有速缓兼备的肥效特点。

646. 为什么说沼液浸种具有较好的增产效果和经济效益？

沼液浸种是农民群众在沼气综合利用的实践中创造的一种浸种方法，它同清水浸种相比不仅可以提高种子的发芽率、成秧率并促进种子生理代谢，而且可增强秧苗抗寒、抗病等抗逆性能，特别是用正常发酵的沼液处理种子可使发芽早、出苗整齐、生长势旺，尤以原液浸种最好，这与沼液中含有丰富的养分和多种微量元素有关。沼液浸种方法简便易行，有很好的推广价值。需要注意的是必须做到足墒下种否则影响出苗。

647. 为什么说沼液浸种有提高种子发芽率、成秧率和保苗壮苗作用？

原因有三个方面：①营养丰富。腐熟的沼气发酵液含有动植物所需的多种水溶性氨基酸和微量元素，还含有微生物代谢产物如多种氨基酸和消化酶等各种活性物质，用于种子处理具有催芽和刺激生长的作用。②具有灭菌杀虫作用。沼液是有机物在沼气池内厌氧发酵的产物。由于缺氧沉淀和大量铵离子的产生，使沼液不会带有活性菌和虫卵，并可杀死或抑制种子表面的病菌和虫卵。③可提高作物的抗逆能力，避免低温影响，种子经过浸泡吸水后即从休眠状态进入萌芽状态。

648. 利用沼液浸种的操作程序有哪些？

①晒种。按常规要求晒种。②清理沼气池水压间浮渣和杂物。先将沼气池内的沼气用完（压力表呈零压状态），用工具先清理水压间，待沼气池产气后水压间保持一定水位，用铁丝网捞出浮渣和杂物。③用透水性较好的编织袋包装种子，每袋装15～20千克，留出一定袋容扎紧袋口，把种子袋放入沼气池水压间以沼液浸没种子为宜。④浸种的时间。总的要求以种子吸饱水为度，最低吸水量不低于25%为宜。沼液浓度高的浸种时间要长，浓度低的浸种时间要适当短些。另外浸种时间对于不同作物品种也有区别。

649. 沼液浸种时对种子有哪些要求？

①要使用上年生产的新种良种。②浸种前对种子进行翻晒。③对种子进行筛选，清除杂物、秕粒以确保种子的纯度和质量。

650. 沼液浸种时对沼液有哪些要求？

①应使用大换料后至少3个月以上的沼气池中的沼液。②观察沼气的燃烧情况，凡沼气燃烧时火苗正常、不脱火、没有臭味，表明沼气发酵正常，这种沼液可用于浸种。③凡沼气灯不燃时沼液不能用于浸种，能点燃灯的沼液才可用于浸种。④水压间料液表面如有一层白色膜状物时沼液也不能用于浸种。

651. 利用正常产气的沼液进行浸种效果如何？

将种子装入透水性较好的袋内，装种量根据袋子大小而定，一般每袋装15～20千克，并要留出一定的空间以备种子吸水后膨胀。一般有壳种子应留1/3的空间，无壳种子应留一半或2/3的空间，然后扎紧袋口。比重较轻的棉花种子等应在袋中加入一些石块或砖块以防浸种时口袋浮起。

652. 沼液浸种的原理是什么？

沼液浸种就是利用沼液中所含的“生理活性物质”营养成分以及相对稳定的温度对种子进行播种前的处理。

653. 沼液浸种的优点是什么？

具有出芽率高、幼苗生长旺盛、防治某些病虫害、作物增产等优点。

654. 利用沼液浸种具体位置如何确定？

将装有种子的袋子用绳子吊入正常产气的沼气池出料间中部料液中。

655. 用沼液浸种时多长时间为宜？

因种子和出料间沼液温度、浓度不同而异。有壳种子一般浸泡24～28小时，无壳种子一般浸泡12～26小时。沼液温度低时浸种时间稍长；反之则时间相应缩短。一般以种子吸饱水为宜，最低吸水量要达到23％。

656. 沼液浸种后应如何处理？

提出种子袋沥干沼液，把种子取出洗净然后播种。需要催芽的按照常规方法催芽后播种。

657. 沼液浸种时应注意什么？

①加有盖板的出料间应在浸种前1～2天揭开透气，搅动料

液使硫化氢气体逸散并清除浮渣以便浸种。在此过程中应注意人身安全避免事故。②发酵充分的沼液（无恶臭气味、深褐色、明亮的液体 pH 在 6.7～7.5 之间）才能用来浸种，一般是正常使用 3 个月以上并且正在产气的沼气池出料间内的沼液。用于浸种的沼液，应选自以猪牛粪为主要发酵原料的沼气池出料间。若出料间流进了生水、有毒污水（如农药等）或倒进了生人粪等其他废弃物则不能用来浸种。③浸种时间不能超过规定，如果时间过长会使种子水解过度影响发芽率。④种子浸泡后一定要沥去沼液，需要用清水洗净的应用清水洗净晾干种子表面水分，然后才能催芽或播种。

658. 如何利用沼液浸常规水稻种子？

采用一次性或间歇式浸种，浸种时间 36 小时左右，粳稻、糯稻应适当延长时间。

659. 如何利用沼液浸杂交稻种子？

采用间歇方式浸种，日浸夜晾，浸种时间 36 小时左右，三浸三晾破胸为止，清水洗净，然后催芽。

660. 利用沼液浸水稻种子效果如何？

采用沼液浸种后发芽率比清水浸种高 5%～15%，成苗率提高 23%左右，秧苗白根多、粗壮、叶色深绿，移栽后返青快、分蘖早、生长旺盛，水稻产量可以提高 8%以上。沼液用于晚稻浸种比清水浸种提高产量达 10%，比药剂浸种提高 6%。

661. 如何利用沼液浸小麦种子？

利用适宜温度、浓度的沼液浸小麦种子，可提高种子的发芽率，促进胚芽的生长，还可增加小麦产量。沼液取自农村正常使用的沼气池水压间的中层，发酵浓度 8%～10%发酵原料为人粪尿和猪粪尿等，为黑褐色，无明显粪臭味。浸种 24 小时左右后取出，用清水冲洗 1 分钟，然后播下种子覆土催芽。

662. 利用沼液浸小麦种子效果如何？

与清水浸种相比发芽率提高 5%左右，具有出苗早、生长快的特点，小麦产量可提高 7%左右。

663. 什么样的麦种不能用沼液浸种？

经过包衣后的种子不能浸种，浸种后会使种子表面附着的药物淋失，同时种子包衣的农药对沼气池内的微生物有损害，影响沼气池的正常产气。

664. 如何利用沼液浸玉米种子？

浸种时间为 4～6 小时，然后用清水洗净晾干即可播种，如要催芽按常规方法进行。

665. 利用沼液对玉米浸种效果如何？

与干播比较有发芽齐、出苗早、苗势壮等优点，玉米产量提高 10%以上。

666. 如何利用沼液浸棉种？

①棉种翻晒 1～2 天后装入袋中，将种袋放入水压间；②为防止种子漂浮在液面，应在种袋上面压几块石头或吊几块石头。③浸泡时间为 24～48 小时。取出袋子滤去水分，用草木灰拌合并反复轻搓，使其成为黄豆粒状即可用于播种。④棉花播种期间若遇到阴雨天，使土壤水分含量高，若浸种后播种有可能出现烂种。因此，浸种前应事先了解天气情况和土壤墒情。

667. 如何利用沼液浸烟种？

将烟种装入透水性好的粗布袋中，每袋最多装种量为 200

克，放入沼气池水压间浸泡 3 小时，取出后用清水洗净并轻搓 2～3 分钟，12 小时后播种。

668. 利用沼液浸烟种效果如何？

沼液浸烟种后种子萌芽早、出芽齐、抗病能力强、幼苗生长旺盛。烟叶产量提高 6%以上。

669. 如何利用沼液浸油菜种子？

沼液浸泡油菜籽，时间最好不要超过 12 小时，以防油菜籽在沼液中破口露芽，造成烂芽现象；播种后如遇天旱必须在苗床上泼洒一遍水，以防吸足水分的油菜籽被烤干，影响出苗。

670. 如何利用沼液浸大麦种子？

用发酵好的沼液加入 3 倍水，浸种 12 小时，然后用清水漂洗一下，晾干再播。

671. 如何利用沼液浸甘薯、马铃薯种薯？

浸种时间一般 4 小时左右。浸种时可将种块装入缸、桶等容器中，放入沼液浸泡，液面超过上层种块 6 厘米。浸种结束后，清水洗净，然后播种。

672. 如何利用沼液浸西瓜种子？

浸种时间一般 12～24 小时，浸种过程中搅动 1 次。浸种结束后，在清水中反复轻搓，洗去表面黏物以防腐烂，然后保温催芽，温度 30℃左右一般 20～24 小时即可发芽。

673. 如何科学施用沼肥？

随着农村沼气建设的普及，沼肥已成为农业生产的重要肥源之一。沼肥是将人畜粪便、农作物秸秆、杂草和含多种成分的污水装入密封的池内经过发酵分解出沼气、沼渣和沼液。沼气可做燃料其水和渣是较好的多功能复合肥料。沼肥结构分为上、中、底三层：①上层水肥是沼肥中含有大量速效氮的高效能液体肥料，它具有见效快的优点，适用于粮食作物和蔬菜做早期追肥。施用前应先储存密封坑内数日，如用于幼苗，应加适量水稀释并要快施盖土，这样既可以防止“烧苗”，又能防止肥中的氨态氮的挥发损失。②中层糊状肥的浓度高、肥力强、氨态氮的含量丰富，适宜于粮食作物和蔬菜中期追肥，其特点是肥效不宜挥发散失，能较长久的释放肥力，充分供给农作物在生长阶段所需要的多种养分。③底层脚渣肥含有大量腐殖质适宜于农作物做底肥，特别适合于粮食作物和蔬菜做底肥，对农作物具有壮秆、饱籽的功能，也可提高土壤保肥蓄水能力。沼肥宜深施不宜浅施特别不宜表施，在相同条件下水稻深施比浅施增产12%，比表施增产20%。根据试验，在施肥量相等栽培条件基本一致的情况下，施用沼肥的农作物比施用普通粪肥的农作物平均增产幅度为：水稻5%～10%、油菜8%～12%、小麦9%～16%、棉花8%～17%，并且施用沼肥有减少农作物病虫害发生的作用。

674. 沼肥综合利用主要包括哪些方面？

（1）沼液利用方面：作肥料、喂猪、养鱼、养牛、养羊、养鸡。

（2）沼渣利用方面：养鱼、养蚯蚓、食用菌、肥料施于果树、花卉、农作物等。

675. 综合利用沼肥时应注意哪些问题？

发展户用沼气池必须对沼肥进行综合利用，沼肥包括沼渣、沼液，是一种氮、磷、钾齐全且速缓兼备的优质有机肥料。但是沼肥中含有较多易挥发的氨态氮，如果施用方法不当容易损失肥效。因此，广大沼气户在使用沼肥时应该掌握和遵循以下方法。

①沼肥应随出随施不宜久存。要求从沼气池中取出后就应直接施到田里，实在忙不过来时最多也只能放1～2天。时间拖得越久氨态氮损失越多。一时不用的沼肥可以加入0.1%～0.2%的过磷酸钙，使易挥发的氨态氮变成不易挥发的磷酸一铵和磷酸二铵以保持肥效。②沼渣宜作为基肥深施。施用于水田时最好是在耕田时使用，使泥、肥混合，每667米^{2}施用量大约为2 000千克；施用于旱地时最好是集中施用，如穴施、沟施，然后覆盖10厘米厚度的土层以减少养分挥发。③沼液宜作为追肥施用。施用时应根据沼液的质量和作物生长情况，适当掺水稀释以免伤害作物的幼根或嫩叶。沼液可按一定比例结合灌溉施用也可进行喷施。沼液可与尿素等化肥配合使用，沼液能帮助化肥在土壤中溶解吸附和刺激作物吸收养分，提高化肥利用率。一般每50千克沼液中可加入0.5～1千克尿素。

沼液还可作为叶面肥喷施，既可补充养分又可防治病虫害，适用于多种农作物。叶面喷施一定要掌握好各种作物不同生长发育期施用的适宜浓度，以防烧坏叶面。一般作物在幼苗期用1份新鲜沼液加水1～1.5倍，瓜菜类作物幼苗期要加水1.5～2倍，作物生长的中后期以及果树的施用浓度，一般用1份新鲜沼液加水0.5～1倍较为合适。

676. 沼渣作为肥料施用于大田的方法是什么？效果如何？

沼渣通常是在春季或秋季大量用肥时使用，一般情况下是作为底肥，每667米^{2}的施用量为1 000～2 000千克。施用方法很简单，大田作物直接施于土壤中。

沼渣作为一种优质有机肥，在实际应用中起到了增产作用。每667米^{2}施用沼渣1 000～2 000千克再配合其他措施，水稻可增产9.1%，玉米增产8.3%，甘薯增产15%，棉花增产9%。

677. 沼肥如何施用于大田农作物？注意事项有哪些？

（1）喷施。可将沼气水肥澄清液用于喷施，由于喷施的效率高、省工省力，一般用于农作物追肥，每667米^{2}施用沼肥量为1 500～2 500千克。

（2）洒施。把沼气水肥装入粪罐车往农田洒施并应立即进行翻耕，这样有利于水肥与土壤较快结合和养分被土壤吸收，防止损失沼肥的养分，洒施一般做追肥或底肥，施肥量每667米^{2}为2 500千克左右。

（3）浇施。有灌溉条件的农田、菜园可结合农田灌溉、浇施沼气水肥。这种方法的特点是：沼肥养分与水结合在一起能均匀灌到土壤中，有利于农作物很快吸收，节省施肥用工，浇施沼气水肥要求土地平整，施肥时可在水渠口将沼气水肥均匀地混入灌溉水中，浇施沼气水肥的数量与流水的速度要配合好，要达到所浇地块施肥量均匀。这种方法适合给农作物做追肥，每667米^{2}施肥量为1 500千克左右。

（4）沼渣肥。可做底肥（基肥）直接施入土壤中。每667米^{2}施肥量为2 500千克左右。

678. 沼液与秸秆配合堆沤的方法是什么？

沼气水肥出料前先将农作物秸秆铡成3～5厘米长，然后提取沼液与秸秆混合堆沤或进行高温堆肥。一般沼液与秸秆配制的比例为1∶1～2。经过堆沤的肥料做底肥使用，每667米^{2}施肥量为3 500千克左右。

679. 沼液、沼渣与秸秆等混合堆沤的方法是什么？

将农作物秸秆铡成3～5厘米长切忌用整捆秸秆堆沤，然后将出料的沼液、沼渣与农作物秸秆（如麦秸、玉米秸、稻草）、树叶、杂草等混合在一起进行堆肥或沤肥。沼肥与秸秆等堆沤肥的比例是1∶2～3，此肥可做底肥施用，每667米^{2}施用量为3 000千克左右。

680. 如何利用沼肥沤制沼气腐殖酸类肥料?

沤制沼气腐殖酸类肥料的方法是：把沼气池中取出的沼渣与有机垃圾一起堆沤，一层垃圾（或泥土）加一层沼渣，每层沼渣厚20～30厘米堆成一个大圆台形的肥料堆，然后在表面敷些泥土并打紧拍实，堆沤15～20天即成沼气腐殖酸类肥料。

681. 如何利用沼肥沤制沼腐磷肥?

在沤制沼气腐殖酸类肥料时，在堆沤里面每立方米沼渣中加钙镁磷肥或生磷矿粉20～25千克则成沼腐磷肥。

682. 如何利用沼肥沤制沼腐氨肥或沼腐磷酸铵肥?

堆好的沼气腐殖酸类肥料或沼腐磷肥在使用前3～4天，在堆肥的顶部不同地方向下打几个孔，向孔内加入浓氨水或碳氨，加入比例为每立方米沼渣加浓氨水或碳酸铵10千克。加入方法是：先将浓氨水或碳酸铵加水稀释后从孔口慢慢灌入肥堆内，然后用泥土封闭孔口即成沼腐氨肥或沼腐磷酸铵。这是一种有机肥与无机肥相结合的复合肥料，这种制肥方法还具有杀灭寄生虫卵的作用。

683. 堆沤沼渣肥时应注意什么?

堆沤沼渣肥时，不宜加草木灰和石灰。

684. 施用沼腐磷肥对作物有哪些增产效果?

沼腐磷肥施于水稻、小麦、油菜、甘薯都有较好的增产效果，一般增产6%～15%。在缺磷土壤上施用这种肥料增产效果尤为明显，一般增产在12%以上。沼腐磷肥对小麦等作物有一定的磷肥效果，而单施磷矿粉的磷肥效果不明显。沼腐磷肥对小麦、玉米、茄子、青椒等增产效果都比较显著。玉米施沼腐磷肥比单用沼渣增产16%，青椒增产19%。为了最有效的利用中、低品位磷矿资源，沼腐磷肥应在农村就地堆沤就地使用。为取得较高的磷素利用率磷矿粉的配比量应尽量小些为好。含水50%～70%的沼渣和磷矿粉的配合比例以100∶3～5为宜。

685. 如何利用沼渣、沼液制作各种蔬菜、花卉育苗营养土？

沼肥营养全面，制作营养土进行蔬菜、花卉和特种作物的育苗，可以满足作物对养分的需求，在生产上应用具有很好的增产效果。配制营养土时应选用腐熟度好的沼渣，除去未腐熟的长作物秸秆，将沼渣与一般泥土等混合拌匀即成营养土。一般用量为沼渣占混合物总量的20%～30%，泥土占50%～60%，再掺入5%～10%的锯末和0.1%～0.2%的氮、磷、钾化肥及微量元素、农药等。配制比例因育苗作物不同而有一定差异，生产上可根据各地实践经验确定不同作物的配制比例。如玉米育苗用营养土沼渣与泥土比例为6∶4效果最佳。一般播种后用泼有沼液的细土覆盖，出苗后视苗床湿度及苗龄大小泼洒稀释过的沼液，使苗床保持一定的湿度，可促使幼苗早生快发增产10%～18%。

686. 如何利用沼渣配制盆栽花卉培养土？

腐熟3个月以上的沼渣与园土、粗沙等拌匀。比例为鲜沼渣45%、园土45%、粗砂10%或者干沼渣35%、园土55%、粗砂10%。

687. 如何利用沼渣制作育苗营养土？

取沼渣与一般泥土按6∶4的比例混合，这种混合土可用来进行玉米育苗。当玉米苗长出2～3片真叶时进行移栽。这种营养土育的苗转青快、发病率低，可使玉米增产15%左右。

688. 如何利用沼渣制作棉花营养钵？

①每分苗床地用沼渣50～100千克，钙镁磷肥2.5千克，氯化钾1千克。制钵时间为4月上旬。②5月中旬棉花移栽时幼苗的叶片比对照增多，苗径粗壮，苗期生长快。③配合其他措施棉花可增产10%左右。

689. 如何利用沼液进行棉花营养钵育苗？

用沼液泼洒育苗床面浸润床土，直到床面有水渍为止。床土经一夜吸胀后土壤湿度以用手抓一把钵土紧捏成团，落地能散为宜。如水分过多可待水分蒸发后再做。如水分不足要补浇沼液，营养钵制成后紧密排列于备好的苗床上。播种时浇足沼液每钵播种2粒棉花籽，用厚1厘米左右的疏软细土均匀覆盖营养钵。待棉苗长出3片叶时移钵蹲苗。蹲苗期间遇旱应及时喷一定浓度的沼液，沼液与水1∶4混合，随着棉苗增长要逐渐加大沼液浓度。

690. 如何综合利用沼肥使棉花稳产高产？

①沼液浸种：在沼气池水压间浸种8小时。②用沼渣制作营养钵：在常规营养钵的基础上每平方米苗床加沼渣1.5千克。③苗期施沼液：每公顷施沼液1 000千克（用于灌根）。④叶面喷施沼液：喷施2次在花铃期进行，每667米^{2}用沼液（50%）50千克，间隔10天。采用以上方法发芽率提高7%以上，根长增加1.6厘米以上，种子活力指数提高8%以上，出苗率提高6%以上，平均增产10%以上。

691. 沼肥与粪水有什么区别？

沼气发酵是一个由众多微生物参与的复杂的生化过程。在沼气发酵过程中几乎所有沼气发酵原料都被消化，一部分物质被转化为沼气、微生物菌体和代谢物，一部分物质被作为残渣而沉淀下来。沼液、沼渣中的大部分物质都是新生的，这就是沼液、沼渣与敞口池中粪水的根本区别。

692. 沼液与沼渣在肥效上有什么不同?

沼液、沼渣在肥效方面的不同主要表现在以下几个方面：

（1）在沼液中已经测出各类氨基酸、维生素、蛋白质、赤霉素、生长素、糖类、核酸以及抗生素等，这些物质都是综合利用的物质基础。例如：赤霉素可使种子提早发芽，某些核酸、单糖能增强作物的抗旱能力，某些游离氨基酸能增强作物抗冻能力，某些抗生素则能防治某些作物病虫害，多种氨基酸和微量元素添加到饲料中可以弥补其不足，促进畜禽增产等。

（2）沼渣是由部分未分解的原料和新生的微生物菌体组成，它含有较多的沼液，真正的固体物含量在20%以下，这是沼渣在综合利用过程中兼有沼液功效的原因。沼渣由三种不同部分组成，发挥着三个不同的作用。一是有机质、腐殖酸对改良土壤起着重要作用；二是氮、磷、钾等元素能满足作物生长需要；三是未腐熟原料施入农田能继续发酵释放肥分。

693. 施用沼肥的“五忌”是什么?

①忌出池后立即施用。沼肥的还原性强。出池后的沼肥若立即施用，会与作物争夺土壤中的氧气，影响种子发芽和根系发育，导致作物叶片发黄、凋萎。因此，沼肥出池后一般先在储粪池中存放5～7天再施用；沼渣若与磷肥按10：1的比例混合堆沤5～7天后施用效果更佳。②忌不对水直接追施。沼肥不对水直接施在作物上，尤其是用来作追肥，会使作物出现灼伤现象。沼肥做追肥时要先对水，一般对水量应为沼液的一半。③忌表土撒施。沼肥施于旱田作物宜采用穴施、沟施然后盖土。施用于水田应均匀撒施于田面，然后犁翻入底层。④忌过量施用。施用沼

肥的量不能太多，一般要少于普通猪粪便。若盲目大量施用会导致作物徒长造成减产。⑤忌与草木灰、石灰等碱性肥料混施，否则会造成氮肥的损失而降低肥效。

694. 沼肥在种植上有哪几方面的用途?

沼肥可作为农作物基肥或追肥也可作叶面喷肥。用沼渣作农作物基肥或追肥可减少化肥施用量。用沼液进行叶面喷施收效快、利用率高，24 小时内叶片可吸收附着喷量的 80%左右。喷施时要选在早晨 8～10 点，尽可能喷于叶子背面。

695. 如何利用沼渣做基肥?

沼渣做基肥一般每公顷施用量 22 500 千克左右，可直接泼洒田面立即耕翻，以利于沼肥入土提高肥效。实践证明，每公顷增施沼肥 18 000～22 500 千克（含干物质 4 500～6 750 千克），可增产水稻或小麦 10%左右；每公顷施沼肥 22 500～37 500 千克可增产粮食 9%～26%，连施 5 年土壤有机质增加 0.8%左右，活土层从 24 厘米增加到 38 厘米。

696. 如何利用沼渣做追肥?

沼渣做追肥每公顷用 18 000～22 500 千克，可以直接开沟挖穴浇灌作物根部周围并覆土，以提高肥效。有水利条件的地方也可结合农田灌溉，把沼肥加入水中随水均匀施入田间。

697. 沼渣做肥料对作物的增产效果如何?

沼渣做肥料对当季作物有良好的增产效果。例如：甘薯每 667 米^2 增产 16%、水稻 15%、玉米 13%、棉花 10%左右。若连续施用则能起到改良土壤培肥地力的作用。沼渣可以直接施用也可以与化肥配合施用，同时也可制成沼腐磷肥施用。

698. 如何利用沼液叶面施肥？

利用沼液叶面施肥既可单施，也可与化肥、农药、生长调节剂等混合施用。

699. 利用沼液叶面施肥都有哪些优点？主要作用是什么？

叶面喷施沼液可调节作物生长代谢、补充营养、促进生长平衡、增强光合作用能力，尤其是施用于果树有利于花芽分化、保花保果，使果实增重快、光泽度好、成熟一致、商品果率提高等。

沼液叶面喷洒后作物主要利用的物质是沼液中所含的厌氧微生物的代谢产物，特别是其中的生理活性物质、沼液中的营养物质、沼液中的水分。叶面喷洒的主要作用是调节作物生长代谢，为作物提供营养，抑制某些病虫害

沼液富含多种作物所需要的营养物质，因而适宜作根外施肥，其效果比化肥好，特别是当农作物以及果树进入花期、孕育期、灌浆期和果实膨大期喷施效果明显，对水稻、麦类、棉花、蔬菜、瓜类、果树都有增产作用。沼液既可单施也可与化肥、农药、生长调节剂等混合施。

700. 叶面喷施沼液应注意什么？

必须使用正常产气3个月以上沼气池的沼液。喷洒量要根据作物品种生长的不同阶段及环境条件确定。沼液喷洒时间在早上8：00～10：00进行。不要在中午高温时进行以防灼烧叶片。在下雨前不要喷洒，因为雨水会冲走沼液影响效果。尽可能将沼液喷洒于叶子背面这样有利于作物快速吸收。根据作物不同、目的不同，可采用纯沼液、稀释沼液、沼液与某些药物的混合液进行喷洒。

701. 喷施沼液时应注意哪些问题?

①沼液取自正常产气3个月的沼气池中。②沼液要澄清过滤好放置1～3天，喷雾器密封性要好，以免溅、漏。③沼液浓度不能过大，以1份沼液加1份清水即可。④喷施时以叶背面为主以利于吸收。⑤施用频率按每7～10天1次。⑥喷施时间按春、秋季上午露水干后（约10时）进行，夏季傍晚为好，中午高温及暴雨前不要喷施。

702. 沼液施用于小麦生长期效果如何?

沼液施于旱地作物有较好的增产效果。这是因为旱地作物生长的土壤一般比较干板，作物生长受到一定的限制。施沼液后则有抗旱保苗、促进作物生长的作用。沼液施于小麦其增产效果因施肥量的不同而有较大变化，其幅度为百分之几至十几，造成这种结果的原因可能是沼液浓度的不同以及沼液中养分的不同而引起的。一般认为在小麦的营养生长期和生殖生长期浇施沼液均能增产，尤以分期浇施增产效果最为显著。

703. 沼液施用于玉米生长期效果如何?

实践证明，沼液施用于玉米的增产效果是非常明显的。其施用方法是：开沟直接施用沼液，植株生长壮、双棒率高、穗大、籽粒饱满，因而产量也高，增产效果明显。

704. 沼液施用于水稻生长期效果如何?

在水稻的生长期中，施沼肥与施粪尿肥有相似的增产效果。在特定的条件下增施沼液可以取得一定程度的增产，其幅度为8%～18%不等。这主要取决于施肥量与施肥方法。沼液一般作为水稻追肥或根外施肥（叶面喷施）效果较好，施沼液后可以提高水稻的生活力，促进水稻早发、增穗，为增产创造条件。此外，还可以增强水稻抗病性，从而减轻损失达到提高产量的目的。

705. 如何用沼液喷施水稻、小麦？

①用沼液喷水稻、小麦，时间从圆梗开始至灌浆结束10天1次。②浓度为1份沼液加1份清水混匀。③作用：增加实粒数提高千粒重。

706. 如何用沼液喷施蘑菇？

①方法：出菇后开始每平方米用500克沼液加1～2倍清水，每天喷1次提高蘑菇质量，增加产量。②增产幅度37%～140%。

707. 如何用沼液喷施烟叶？

①烟苗9～11片叶开始，7～10天1次，1份沼液加清水1份每公顷喷600千克，沼液中可加入防虫治病的农药。②效果：叶片增宽增厚，增级增收。

708. 如何用沼液喷施茶树？

①茶树新芽萌发1～2片叶时进行，采茶期每次采摘后喷1次，每公顷施沼液1 500千克。②浓度：沼液与清水1∶1。

709. 如何用沼液喷施西瓜？

①初伸蔓开始，每公顷用150千克沼液，加入450千克清水；②初果期：每225千克沼液，加入450千克清水；③后期：300千克沼液，加入300千克清水。④作用：增强抗病能力提高产量，发生枯萎病时治病效果更显著。

710. 如何用沼液喷施棉花？

①用法：现蕾前将沼液与清水以1∶2的比例混匀，现蕾后

以1∶1的比例混匀，10天1次。②效果：叶色厚绿保花保铃，兼治红蜘蛛、棉铃虫。

711. 如何用沼液喷施葡萄?

①展叶期开始至落叶前结束，7～10天1次。②浓度：1份沼液加1份清水。③效果：果实膨大一致，可增产10%左右，兼治病虫害。

712. 如何用沼液喷施柑橘树?

①用沼液喷柑橘树从初花期开始，结合保花保果用喷雾器喷施果树叶面，7～10天1次至采果前结束。②浓度：沼液1份、清水1份混匀。③效果：保花保果促进果实大小一致，光泽度好，成熟期一致。采果后还可坚持3～4次有利于增强树体的抗寒能力。

713. 如何用沼液喷施梨树?

①从初花期开始，结合保花保果7～10天1次，至叶落前为止。②浓度：沼液1份、清水1份混匀。③效果与柑橘相同。

714. 如何利用沼肥种植甘蔗?

利用沼肥种植的甘蔗高大、节长、粗壮、皮薄、味道纯甜和单位面积产量明显提高。具体种植方法如下：①育苗期：将沼渣撒在整理好的苗床上，平铺1～3厘米厚再摆上预备好的甘蔗茎，芽嘴向上，埋入地下3/4上面覆盖1厘米左右的细土，蔗苗长至10厘米左右时，视土壤情况用沼液和水按1∶2的比例浇泼一次。②基肥：蔗苗移栽时将沼渣施入挖好的穴内，蔗苗蔸周围培上细土压实，用土把沼渣覆盖好，防止沼肥外露造成损失。③生长期：甘蔗苗发蔸后要结合中耕除草施3～5次沼液，每次需加2倍清水，甘蔗发棵6～10株至最小株开始抽节时要重施培蔸肥，方法是将沼渣培到甘蔗周围，垒高 20 厘米左右，再覆盖一层细土，培蔸肥既可保证甘蔗后期生长所需要的肥料，又可以抑制无效分蘖和防止倒伏。

715. 如何利用沼肥种植烟叶?

利用沼肥种植烟叶的技术要点是：①用沼渣做基肥，沼液做追肥，其基肥的作用在于供应烟株生长期营养的需要并重点供下部叶片的营养。基肥用量一般占总肥量的 60%～70%。追肥量占总施肥量的 30%～40%。②针对不同情况施肥。种烟施肥必须根据气候、土壤和烟株生长的情况确定施肥方法、用量和时间。水分过多、沙性、半沙性或过酸、偏碱的土壤对肥料利用率低。所以要适当加大施肥量和施肥次数，最好采用“窝施”或“穴施”。用沼渣、过磷酸钙（钙镁磷肥）、草木灰按 10：(2.5～3)：(1～1.5) 比例混合拌匀，用于穴施、沟施也可结合冬耕或起垄撒施，每 667 $米^2$1 000 千克、过磷酸钙 25～30 千克、草木灰 100～150 千克，施肥深度为 10～30 厘米。

716. 如何利用沼渣对挂果树施肥?

给果树施沼肥要根据不同树龄采取不同方法。挂果树施用沼肥要在摘果后 11 月份按辐射状开沟并轮换错位；开沟不宜太浅一般深50～70 厘米，宽 30～40 厘米，长 80～120 厘米，不要损伤根系，施肥后覆土。多年的实践证明，果树长期用沼肥作根部施肥，树势茂盛，叶色浓绿，病虫害明显减少，抽梢整齐，幼果脱落较少，果实味道纯正，产量比施化肥或普通有机肥显著提高。

717. 如何利用沼肥种植梨树?

用沼渣种梨树花芽分化好，抽梢一致，叶片厚绿，果实大小一致，光泽度好，甜度高，树势增强，能提高抗轮纹病、黑心病的能力。可以提高单产 5%～8%，节省投资 40%～60%。用沼渣施肥时要根据树的大小及产量高低确定用量。对于挂果树要以基肥为主，基肥用量占全年的80%，施肥时间一般在初春梨树休眠期。施肥方法是在梨树主干周围挖3条放射状沟，沟长50～80厘米、宽30厘米、深50厘米，每株施30～60千克沼渣，补充复合肥300克施后覆土。在梨树生长的关键时期可作追肥分次使用。开花前10～15天每株浅施沼渣30千克，加尿素50克。花后1个月每株深施沼渣30千克，加复合肥100克。花后2个月再施一次沼渣，用量可根据树势进行增减。采果后每株施沼液30千克，加入50克尿素撒施梨树根部。梨树属大水大肥型果树，使用沼渣种梨树还要补充化肥和其他有机肥。如果全部使用沼肥种梨树，每株挂果树需300～600千克沼肥。

718. 如何利用沼肥种植柑橘树？

在柑橘树栽培中，施用沼肥要根据树的大小确定用量和施肥时间。对于3～5年的初挂果树既要扩树冠壮树势又要增加产量，因此要重点施好三次肥：一是花前肥。施用时间在2月下旬至3月上旬，施肥量占全年的25%，每株施沼渣25千克或沼液50千克。二是壮果促梢肥。施用时间在7月中下旬，施肥量占全年的50%，每株施沼渣50千克或沼液100千克。三是还阳肥。早熟品种在采果后，中熟品种在采果前施用，用量占全年的25%，每株施沼渣25千克或沼液50千克。在施肥方式上沼液可采用根部洒施也可挖槽深施。沼渣要求挖槽深施，即沿树冠外围地面挖环状沟或从树基部朝外挖3条放射状沟，沟宽30厘米、深50厘米、长80～120厘米，施肥后用土覆盖。生产实践表明用沼渣种柑橘新梢萌发早，且生长健壮，整齐一致，叶片厚绿，果实重，色泽好，甜度高一般可增产20%～35%。

719. 如何使用沼肥生产无公害水果？

利用沼肥种植果树可以提高产量增加收入，因为沼肥中含有丰富的氮、磷、钾、钠、钙等营养元素，还含有有机质、腐殖酸等，由于沼肥是在厌氧条件下生产的，营养成分散失少。因此沼肥比堆沤肥营养成分高。

(1) 效益分析：沼肥种果树可提高坐果率18%以上，每667米^{2}单产比不施沼肥的增加350～550千克，增产幅度25%～40%；果实甜度提高0.5～1度；果型外观好，商品价值高。同时还可以减轻果树病虫害，增强抗旱、防冻能力，大大降低了使用化肥和农药的成本。

(2) 技术要点：①沼液（渣）作基肥使用。在11月上旬将沼肥与土杂肥混合堆沤腐熟后，分层埋入树冠滴水线外施肥沟内。沼肥用量为：落叶果树每株15～30千克，常绿果树每株10～30千克。②沼肥用作追肥使用。在果园施用沼液时一定要用清水稀释2～3倍，以防浓度过高烧伤根系。在果树萌芽抽梢前15天，用60%的沼液浇施，每株3千克；新梢抽出20天后，每株追浇60%的沼液4千克；为了加速新植幼苗树生长，可在生长期间（3～8月），每隔20天浇施一次沼液肥，用作保果肥时苹果、梨、柑、柚类在5月上旬生理落果前施用；落叶果树在果径1厘米左右时施用，每株施80%的沼肥4～6千克；施肥方法是在树冠滴水线外侧挖12～18厘米浅沟浇施。③沼液用作果树叶面喷施：在果树每个生长期前后，都可以用沼液喷施果树作叶面追肥。具体方法是，从沼气池水压间取出的沼液停放过滤后，在早晨、傍晚或阴天喷施，喷施沼液时要侧重叶背面，如果果树虫害严重可添加适量农药进行喷施。果实膨大期每667米^{2}用沼液150千克加0.15%的尿素和0.03%磷酸二氢钾喷施叶面，以叶面布满水株而不滴水为宜。④沼液防治果树虫害：在每年5～7月虫害较多时，选择气温较高的下午将沼气池中的沼液取出后用纱布过滤，用喷雾器喷施果树叶面，可防治果树上的蚜虫和红蜘蛛等，在48小时内可使虫口密度下降80%以上。

720. 利用沼液对果园进行滴灌的技术要点有哪些?

技术要点：沼液滴灌技术只适合山地果园，沼气池需建在最高处（高于果树种植区）：①修建沼液沉淀过滤槽，以去除其中的固形物防止滴孔堵塞。过滤沉淀槽的容积为主发酵池容积的1/4，在槽内设置多处插式过滤屏，滤屏由滤框和滤板组成，滤板分为粗板和细板，沿沼液流动方向先安粗板再安细板，具体安装块数要根据沼液中的固形物多少及大小决定。固形物被拦截、沼液颜色变浅就达到了目的。②管道安装。主管用PVC高压管埋于地下30～50厘米。分管采用有弹性、强度高的塑料管，埋置深度为30～60厘米，分管截面积小于主管截面积。柑橘树的每一根系配置2个滴孔，滴孔孔径通常为1.5～2.0厘米，滴孔总面积小于分管截面积。滴孔周围半径5～7厘米区域充填细石和粗砂，以防滴孔堵塞。在主流管上每隔20～30米，设置一个排淤口，口端配同径阀门。分管末端或每隔5～10米也应设置排淤口，此口口径较小可用橡皮塞封紧。③日常管理。经常清洗滤板，检查滴灌系统是否在果树根部外漏水，发现问题立即修好。最好采用同一系统既可滴灌沼液又可滴灌清水，这只需将水管接到沉淀过滤槽就行了。

721. 沼肥施用于果树有哪些好处?

沼肥除了含有丰富的氮、磷、钾等元素外，还含有对果树生长起重要作用的硼、铁、锰、钙、锌等微量元素，以及大量的有机质、多种氨基酸和维生素。此外，沼肥腐熟程度高，施用沼肥不仅能显著地改良土壤，确保果树生长所需的良好微生态环境，还有利于增强其抗冻、抗旱能力，减少病虫害。各种实践证明，用沼肥种油桃、苹果等果树其新梢发得早、壮、齐，叶片厚、绿、落花落果少且果实个大、均匀、味甜、外观色泽好、耐贮运等。

722. 利用沼肥生产无公害水果的具体方法是什么?

(1) 花前施用催芽肥。施肥时间为2月下旬至3月下旬(根据不同果树、不同品种的花期而定),施肥量占全年施用量的25%。每株施入沼渣25千克或沼液50千克左右,施入后迅速覆土(若沼肥不足应补充氮、磷、钾肥)。同时用经双层纱布过滤的澄清沼液对树冠进行喷施,每10天左右喷施1次。

(2) 花期饱施壮果肥。每年果树的开花和花后果实的生长均需要较多的养分。此时的施肥量应占全年施肥量的50%。每株施入沼渣50千克或沼液100千克左右(树势弱,沼肥又不足的需用化肥补足)。同时还要对树冠叶面喷施沼液,每隔10天喷施1次效果更佳。

(3) 重施采后"还阳肥"。"还阳肥"应选择在果实采收后,一般在10月底前进行,用量占全年施用量的25%。每株施沼渣25千克或沼液50千克(可根据当年果实数量和树冠大小适量增减),施肥后应覆土。

(4) 喷施沼液防治病虫害。沼液50千克过滤(放置2~3天)直接喷施,10天1次,在果树黄蜘蛛、红蜘蛛、蚜虫等害虫的发生高峰期,连喷2~3次。若气温在25℃以下全天时间都可喷;若气温超过25℃应在下午5时以后进行。如果在沼液中加入1/1 000~1/3 000的灭扫利,灭虫卵效果更佳且药效持续时间达20天以上。一般情况下红蜘蛛、黄蜘蛛3~4小时后失活,5~6小时死亡98.5%。

723. 利用沼肥生产无公害水果应注意哪些问题?

(1) 用沼液喷施果树叶面时,必须采用正常产气3个月以上的沼气池出料间里的沼液,且需澄清过滤后放置2~3天。

(2) 叶面喷施需选择在无风的晴天或阴天进行,并最好选择在湿度较大的早晨或傍晚,不可在雨天或晴天中午气温较高时喷施，喷施叶面时应侧重于树叶背面。

（3）结合果树长势确定施肥量。长势差的应重施，长势好的轻施；衰老的树重施，幼壮的树轻施；坐果多的重施，坐果少的轻施。

（4）沼液可采用根部洒施，也可挖槽深施；沼渣应采用挖槽深施的方法。挖槽深施方法：沿树冠滴水线周围开挖环状沟或从基部朝外1米以外挖两条放射沟，沟宽30厘米、深60厘米、长120厘米，施肥后用土及时覆盖。

一般情况下沼肥栽培果树每667米^{2}可节省投资800元左右，增产25%～35%左右。

724. 利用沼肥种植无公害南瓜的技术要点是什么？

（1）选择合适的品种进行栽培是获得高产、高效益的保证。

（2）选择水质、大气、土壤无污染的环境。南瓜根系发达，吸肥、吸水能力强，可以适应多种类型的土壤。种植地块要提前3个月深翻晒垡，定植时要求浅耕耙平打碎起畦，畦面做成龟背形，畦面宽3米、沟宽40厘米、沟深30厘米，在距畦沟边50厘米的畦面上开一条25～30厘米深的放肥沟。畦长一般30米以内，四周要开好排灌沟，做到沟沟相通能灌能排雨停田间无积水。

（3）基肥的堆沤要在大田定植前1个半月开始做才能保证充分腐熟。每667米^{2}施入2 500～3 000千克沤制好的有机肥可以生产南瓜2 500千克左右。

（4）育苗营养土的配制。育苗土应选用团粒结构良好的干净表土，再加上用沼液沤熟的有机肥和草木灰按5∶1∶1的比例充分拌匀配成营养土。

（5）播种前两天要晒种和选种，以增强种子的生命力和出苗整齐度，从播种到出齐苗棚内温度白天保持在25～32℃、晚上15～20℃，控温防高脚苗。

(6) 大田定植。一般每 667 米^2 种植 480～520 株，每畦种植两行，株距 75～80 厘米。当气温在 15℃以上时就应及时选半阴天或阴天定植。

(7) 肥水管理一般用沼液或有机复合混肥进行淋施，施肥量应根据地力和植株长势而定。

725. 为什么说利用沼肥科学种植无公害山药能高产高效?

山药是药菜兼用的保健、滋补型食品，深受广大消费者的喜爱具有很好的发展前景。以沼肥为主种植山药配套规范化的管理技术，使山药块根可在仅 10～25 厘米深的畦面土层斜向生长，产量由传统的每 667 米^{2}1 000～1 500 千克提高到 3 000 千克，高产田块达到 4 500 千克以上。无公害生产技术由于减少了化肥、农药的施用量，明显减轻劳动强度、降低种植成本、提高产品的品质和商品率、增强市场竞争力产生了显著的经济效益和社会效益。

726. 利用沼肥种植无公害山药的技术要点是什么?

(1) 山药是以地下肉质块根为产品既怕干旱、又怕涝，因此要求土层深厚、透气性好、富含有机质，能排、能灌的沙质土壤最好或黄泥沙质土壤。地块要提前 3 个月深耕 30 厘米以上，然后晒垡，定植时要求浅耕细耙，耙平起畦，畦面做成龟背形，畦面宽 1 米、沟宽 30 厘米、沟深 35 厘米，双行种植。畦长一般 25 米以内，四周要开好排灌沟。做到沟沟相通，能灌、能排，雨停田间无积水。

(2) 基肥以沼肥为主，结合秋冬季清理沼气池，利用沼液、残渣掺和土杂肥并同时按每 667 米^2 施入钙镁磷肥 50 千克进行堆沤。基肥的堆沤要在大田定植前 1 个半月开始做才能保证充分腐熟的时间，据调查每 667 米^2 施入 3 000～3 500 千克沤制好的基肥可以生产山药 3 500 千克左右。沤制好的基肥先用 2/3 在整地时施入，再按畦面上的行距 45 厘米挖 2 条 20 厘米深的放肥沟把其余 1/3 基肥施入。基肥施入必须与周围的土质掺和均匀。

（3）良种一般选用淮山药的块茎进行种植，选取应该大小一致，有利于保证植株生长平衡和方便管理。

（4）山药是一种喜肥作物，除基肥要充足外还要进行 3 次追肥以满足其对养分的需要。每次追肥都结合除草中耕，第一次追肥在淮山药茎蔓长到 1.5 米左右时进行，每 667 米^2 施 500 千克稀释度约 30％的沼液；第二次追肥在植株打顶后施下，每 667 米^2 用沼液 700 千克或尿素 5～7 千克对水施入，促进植株生长繁茂；第三次在 8 月上旬结合大培土，每 667 米^2 用进口复合肥 25 千克和生物钾肥 2 千克混合施下，以促进地下块茎生长提高产量。

727. 为什么说在冬枣生产中首选施用沼肥？

冬枣营养价值为“百果之冠”被誉为“活维生素丸”。目前栽培面积迅猛发展，但是随着冬枣种植面积的逐渐扩大，特别是密集种植技术的应用，在一些地块出现了产量降低、品质下降、病虫害加重等问题。经实验证明，使用沼肥可明显增强树势、减轻病虫为害、改进冬枣品质、提高冬枣产量，从而提高农民收入。因此说沼肥是冬枣生产中的首选肥料。

728. 在冬枣生产中施用沼肥的技术要点是什么？

（1）基肥的施用要从冬枣苗定植开始。将树坑内的心土与沼渣、腐熟的有机肥料混合回填，比例为 1∶1，即沼渣 15 千克腐熟的有机肥料 15 千克，此法能够促进根系发育，被果农称为“窝里壮”。此外，基肥施用的最佳时期应掌握在冬枣落叶后、封冻前，采用沟施或穴施。沟施：在树冠外围挖一条长 2 米左右、宽 30 厘米左右、深 50～60 厘米的沟，在沟内施沼渣 75 千克，也可用沼渣37千克、腐熟有机肥37千克，混合均匀后填入施肥沟内然后盖土。穴施：在树冠外围均匀地挖3～5个长、宽、深各40～50厘米的施肥穴，沼渣、有机肥按1∶1混合使用，也可直接用沼渣、沼液施肥。

（2）冬枣树追肥次数和施肥量与枝叶或果实的生长需求有密切的联系。一般年追肥3次：第一次在萌芽前，此时施肥能够使萌芽整齐、枝叶生长健壮、促进花芽分化、提高花的质量；第二次在幼果膨大期，此时追肥可减少落果，有利于促进幼果生长发育从而提高产量；第三次在果实迅速生长期，此时施肥对果实的生长和果品质量影响很大。三次追肥可按施用基肥方法追施也可直接浇灌沼液每树15千克，也可浅施即围绕树冠外围挖一条20厘米左右的浅沟，每树浇沼液15千克，待沼液渗入后覆土盖严。

（3）叶面喷施又叫根外追肥。用50%的沼液对水喷雾，用喷雾装置将沼液喷到叶片上，通过叶片及表皮组织及时获得养分。沼液喷雾的次数要根据树势自行掌握，可结合防治病虫害同时进行。但要注意避开中午以免烧伤叶片，最好在下午3点以后。沼液喷雾不但能弥补树体营养的不足，而且具有防病治虫的效果，对于改善生态环境提高果实品质具有不可替代的作用。

（4）实践证明，沼肥具有养分含量全，树体吸收快，无污染，成本低等特点。长期使用沼肥能够促进冬枣树体发育，增强树体抗逆力，对于增加产量、提高品质具有显著的作用，同时减少了化肥对冬枣品质的影响，符合绿色食品生产要求。因此，利用沼肥生产冬枣是当前冬枣生产中的首选技术应大力推广应用。

729. 如何利用沼肥种植大蒜？

（1）基肥。每667米^{2}用沼渣2 500千克撒施后，立即翻耕让其充分发酵腐熟。

（2）面肥。播种时在床面上开10厘米宽、3～5厘米深的浅沟，沟距15厘米，将沼液浇于沟中，浇湿为宜然后播蒜覆土。

(3) 追肥。越冬前每667米^{2}用沼液1 500千克加水泼洒，可进行2次。

730. 如何利用沼肥施用于石榴树?

以每667米^{2}栽植60株的7年生的甜子石榴树为例。3月底开始，以后每隔30天施1次沼液，共施4次。每次施肥均采用环状沟施法，在树冠滴水线处挖长1.5米、宽0.3米、深0.4～0.6米的环状沟施入沼液后覆土。

731. 如何利用沼肥施用于露地花卉?

(1) 基肥。可1个月1次，结合整地按1米^{2}施沼渣2千克拌匀为宜。若为穴施视树大小每穴1～2千克覆土10厘米然后栽植。名贵品种最好不放底肥而改疏松肥土，活后根基挖槽施肥。

(2) 追肥。追肥应根据需要从严掌握，不同的花卉品种的需肥、吸肥能力不完全相同，因此使用沼肥方式应有所不同。生长较快的花卉、草木花卉、观叶性花卉可1个月施1次沼液，浓度为3份沼液加7份清水。生长较慢的花卉、木本花卉、观花观果花卉按生育期要求，1份沼液加3份清水追肥。穴施可在根梢处挖穴，采用沼液、沼渣混施，依树的大小施0.5～3千克不等。

732. 如何利用沼肥施用于烟田?

烟叶移栽前半个月，在整好的地块里开沟施沼渣，沟深以16厘米为宜，每667米^{2}用量为1 600千克，与复合肥15千克、过磷酸钙25千克混合拌匀后同施沟内，覆土9～10厘米。在烟叶生长期可根据烟苗长势用沼液进行追肥2～3次，每次每667米^{2}施沼液1 000千克。

733. 如何利用沼肥施用于桑园?

①给桑园施肥可在12月中、下旬距树干20厘米处，挖20

厘米宽、30厘米深的槽，每株施沼渣6～8千克覆土。②春季沼液做催芽肥，使用时间可在3月中、下旬选择晴天，先对桑园松土，3～5天后再施沼液，每株用量为2～4千克。③全树吐青后再施一次沼液。以后每季蚕成熟后对桑园进行松土除草，每株施沼液5～6千克。实践表明，用沼液施桑园后每667米^{2}可增产桑叶20%～40%。

734. 如何利用沼肥种植花生?

(1) 备好基肥: 每667米^{2}用沼渣2 500千克、过磷酸钙45千克，堆沤1个月后与50千克草木灰混合搅拌均匀备用。

(2) 整地做畦挖穴施肥: 翻耕平整土地后，一般采用规格为宽100厘米、畦高12～15厘米、沟宽35厘米、畦长不超过20米。

(3) 浸种播种: 用沼液浸种4～6小时，清洗后稍干即可播种。

(4) 管理: 幼苗出土后在膜上划开6厘米“十”字形小洞，以利幼苗出土生长。幼苗4～5片叶至初花期，每667米^{2}用800千克沼液淋浇追肥。盛花期每667米^{2}喷施沼液80千克。

735. 如何利用沼肥种植板栗?

(1) 用沼渣做基肥: 在收获板栗后10月底以前进行。以树冠滴水为界环状开沟，长1.2米、宽约0.4米、深0.6米，每棵树施沼渣100千克。

(2) 施催芽花肥: 施肥时间在4月份，用沼液进行叶面喷施，每10天一次。

(3) 施花期壮果肥: 在6～7月进行，以树冠滴水为界挖长60厘米，深、宽各20厘米的浅沟，每棵树施入沼渣50千克，每10天用沼液进行叶面喷施一次。

以上方法可增产板栗30%左右，果实个大、均匀、色泽好、耐储藏、味鲜甜。

736. 如何利用沼渣瓶栽灵芝?

灵芝的生长以碳水化合物，如葡萄糖、蔗糖、淀粉、纤维素、半纤维素、木质素等为营养基础，同时也需要钾、镁、钙、磷等矿质元素。沼渣所含的营养和元素能够满足灵芝生长的需要，所以说采用沼渣栽培灵芝最适宜。利用沼渣瓶栽灵芝技术要点如下。

(1) 选用正常产气3个月以上的沼气池中的沼渣，将沼渣晾至含水量60%左右备用。

(2) 由于沼渣有一定的黏性，弹性较差、通气性不好、不利于菌丝下扎。依次需要在沼渣中加50%的棉籽壳，以克服弹性差和透气性差的缺点。另外可加少量玉米粉和糖，配制时将各种配料放在塑料薄膜上用手拌匀。

(3) 用750毫升透明广口瓶装料，料装瓶高的3/4处。要边装边拍使瓶中的培养料松紧适度，装完后将料面刮平，然后用木棍在料面中央打一孔洞至料高的2/3处旋转拉出木棍。装瓶后将瓶放在盛有清水的容器中，洗净瓶的外壁，再将瓶提起并倾斜成45°角左右让水进入瓶内空处，转动瓶子以清洗内壁，然后取出擦干瓶口塞上棉塞蒸煮6小时消毒，蒸后在蒸笼里自然冷却。

(4) 接种前接种箱和其他用具需先用高锰酸钾消毒。接种时将菌种瓶放入接种箱内先将菌种表面的菌皮扒掉，再用镊子取一块菌种经酒精灯火焰迅速移入待接种的培养瓶内，放在培养料的洞口表面塞上棉塞，一瓶就接种完毕。

(5) 接种后的培养瓶放在培养室里培养，温度控制在24～30℃之间，相对湿度控制在80%～90%之间，发现有杂菌的培养瓶应予以淘汰。灵芝的菌丝在黑暗环境中均能生长，但在子实体生长过程中需要较多的漫射光，并要有足够的新鲜空气。

737. 为什么说沼渣是蘑菇的优质培养料?

沼渣富含营养物质且养分全面、质地疏松、保墒性能好、酸碱度适中。沼渣中的有机质、腐殖酸、粗蛋白、氮、磷、钾以及其他各种矿物质能够满足蘑菇生产要求，是人工栽培蘑菇的优质培养料。

738. 如何利用沼渣配制蘑菇的培养料?

培养料是蘑菇栽培的物质基础，应选择含碳氮物质充分、质地疏松、富有弹性、能含蓄较多空气的材料，以利于微生物的培养和蘑菇菌丝体吸收养分。如麦秸、稻草和沼渣。以沼渣、麦秸为原料按 1∶0.5 的配料比堆制培养料的具体操作步骤是：①铡短麦草。把不带泥土的麦草铡成 3～4 厘米的短草收贮备用。②晒干。选取不带泥土的沼渣晒干后打碎，再用筛孔为豌豆大的竹筛筛选。筛取的沼渣干粒收放在屋内避免受潮。③堆料。把截短的麦草用水浸透发胀铺在地上，厚度以 17 厘米为宜。在麦草上均匀铺撒沼渣干粒，厚 3～4 厘米。照此程序在铺完第一层堆料后，再继续铺放第二层、第三层。铺完第三层时开始向料堆均匀泼洒沼气水肥，每层泼 80 千克，第四、五、六、七层都分别泼洒相同数量的沼气水肥使料堆充分吸湿浸透。料堆长 3 米、宽 2.3 米、高 1.5 米共铺 7 层麦草 7 层沼渣，共用晒干的沼渣约 800 千克、麦草 400 千克、沼液 400 千克左右，料堆顶部呈瓦背状弧形。④翻草。堆料 7 天左右，用细竹竿从料堆顶部朝下插一个孔，把温度计从孔中放进料堆内部测温，当温度达到 70℃时开始第一次翻草。同时要注意控制温度不超过 80℃，第一次翻料时加入 25 千克碳酸氢铵、20 千克钙镁磷肥、50 千克油枯粉、23 千克石膏粉，加入适量化肥可补充养分和改善培养料的性状。翻料方法是：料堆四周往中间翻再从中间往外翻达到拌和均匀。翻完料后继续堆料，堆 5～6 天测得料堆温度达到 70℃时，开始第二次翻料。此时用40%甲醛水液（福尔马林）1千克，加水40千克，在翻料时喷入料堆消毒，边喷边拌翻拌均匀。如料堆变干应适当泼洒沼气水肥以手捏滴水为宜。如料堆偏酸应适当加石灰水；如呈碱性则适当加沼液，调节料堆的酸碱度从中性到微碱（pH7～7.5）为宜。然后继续堆料3～4天温度达到70℃时进行第三次翻料，再堆料2～3天即可移入菌床使用。堆料和3次翻料共约18天。

739. 利用沼渣栽培蘑菇在管理上有哪些方法?

①播种后10天左右菌丝体开始长出培养料的表面，这时要进行覆土，一般以细黄土为主，厚度不超过4厘米，然后给土层喷水，湿度保持在土能捏拢不黏手落地能散为宜。②菌床温度20～25℃是菌丝体生长的最适宜温度，低于15℃菌丝体生长缓慢，高于30℃菌丝体生长稀疏瘦弱甚至受害。温度高时打开门窗通风降温；温度低时关闭1～2个空气对流窗。培养料的湿度为60%～65%，空气的相对湿度为80%～90%，每天给菌床适量喷水1～2次，湿度高时暂停喷水并打开门窗通风排湿。

740. 利用沼渣栽培蘑菇的优点是什么?

①取材广泛、方便、省工、省时、省料。②成本低、效益高。沼渣栽培蘑菇一般提前10天左右出菇，蘑菇品质好、产量高。③沼渣比牛粪卫生。牛粪在堆料过程中有粪虫产生，沼渣因经过沼气池厌氧灭菌处理堆料中没有粪虫。④用沼渣作培养料杂菌污染的可能性小。

741. 如何利用沼渣栽培平菇?

技术要点：①要选用经充分发酵腐熟的沼渣，堆放在地势较高的地方沥水24小时，其水分含量为60%～70%时就可做培养料使用。在沥水过程中要盖上塑料薄膜，防止蝇虫产卵污染菇床。

②由于沼渣做培养料时需添加谷壳、碎秸秆等疏松的填充物，以增大床料的孔隙有利于空气流通，满足菌丝生长发育的需要。沼渣与填充料的比例以 3∶2 为宜。填充料先加适量的水拌匀后再与沥水后的沼渣拌和即可上床。如果用棉籽壳作填充料必须确定无霉变，使用前要晾晒。③平菇在菌丝生长阶段最适温度为 25～27℃，空气相对湿度为 70%；长菇阶段最适温度为 12～18℃，培养料表面湿度和空气相对湿度为 90%左右。平菇对光线要求不高有漫射光即可。菇床地一般选择通风的室内。菇床面宽 0.8～1.0 米，长度视场地而定，培养料的厚度为 6.5～8 厘米。④平菇培养时间是 9 月下旬至第二年 1 月底，这 120 天之内均可播种。每 100 千克培养料点播菌种 4 千克。菌种要求菌丝丰满、无杂菌、菌龄最好不超过 1 个月。播种按 6.5 厘米见方点播，点播深度为 3.3 厘米，每穴点蚕豆大小一块，播后用塑料薄膜覆盖以保温保湿。

742. 利用沼渣栽培平菇在日常管理上应做好哪些工作?

①平菇的菌丝体生长阶段是积累养分的阶段，对水分和氧气的需要量不大。因此，需用薄膜盖好以保湿保温和防止杂菌污染。一般每隔 7 天揭膜换气 1 次。当菌株开始出现，菌床表面湿润薄膜内有大量蒸发水时，应将薄膜支起通风。如菌床表面干燥，可进行喷水管理。喷水的原则是天气干燥时，勤喷、少喷，雨天不喷。②子实体长到八成熟时即可采收。采收要适时，过早会影响产量，过迟会影响品质。培养料接种后一般可采收 3～4 茬平菇。③当第一茬平菇收获后需追施营养液，以促进下批平菇早发高产。追施的方法是：用木棒在培养料表面打 2 厘米深的孔，用 0.1%的尿素溶液加 0.1%的糖水灌注。

743. 利用沼渣栽培平菇在病虫害的防治上应特别注意什么?

在高温高湿的条件下，培养料容易生虫、长杂菌。发现杂菌生长应及时挖净；发现虫害可用0.2%～0.3%的敌敌畏喷雾或用敌敌畏棉球熏杀，但要注意防止药害。

744. 沼液对哪些病虫害有防治效果？

试验证明，沼液能有效地控制水稻的稻叶蝉、稻飞虱、纹枯病、小球菌核等病虫害，施沼液稻田的虫口密度比对照田低。此外沼液还可防治小麦、豆类等农作物和果树、蔬菜上的一些病虫害。

745. 沼液防治病虫害的主要途径有哪些？

沼液防治病虫害的主要途径是：①沼液浸种。②施用沼肥作底肥、追肥。③直接喷洒沼液。

746. 为什么沼液常被群众称为“生物农药”？

沼液中含有多种生物活性物质，如氨基酸、微量元素、植物生长激素、B族维生素、某些抗生素等。因其无污染、无残毒、无抗药性而被广大群众称为“生物农药”。实践证明，沼液对粮食作用、经济作物、蔬菜、水果等多种作物中的多种病害和害虫有防治作用。

747. 沼液可防治水稻哪些病虫害？

①病害：穗颈瘟、纹枯病、白叶枯病、叶斑病、小球菌核病。②虫害：稻纵卷叶螟、灰飞虱、白背飞虱、螟虫、稻蓟马、稻叶蝉。

748. 如何利用沼液防治水稻螟虫？

利用沼液防治水稻螟虫，每667米^{2}取沼液50千克、清水50千克混合均匀泼浇。

749. 沼液可防治小麦哪些病虫害?

①病害：赤霉病、全蚀病、根腐病。②虫害：蚜虫。

750. 如何利用沼渣防治小麦全蚀病?

沼肥（主要是沼渣）作基肥每 667 米^2 用量为 250 千克。沼液浸种时间为 6～8 小时。叶面喷施沼液，第一次在返青期，1 份沼液对 1 份水，用量为每公顷 3 750 千克。第二次在抽穗期，1 份沼液对 4 份水，用量为每公顷 3 750 千克。沼液灌根在麦苗“起身期”，1 份沼液对 1 份水，用量为每公顷 3 750 千克。采用上述方法可防止小麦全蚀病发生，增产幅度 6%～15%左右。

751. 如何利用沼液防治小麦赤霉病?

赤霉病是小麦生产中的主要病害之一。用沼液防治小麦赤霉病效果明显，使用量以每 667 米^2 喷 50 千克以上效果最好，盛花期喷一次隔 3～5 天再喷一次，防治率可达 95%以上。

752. 如何利用沼液杀灭小麦蚜虫?

采用沼液与乐果配合喷雾。沼液与乐果的配合比为 2 000∶1。每 667 米^2 用量为混合液 50 千克。除喷洒叶面外有蚜虫的茎部也应喷到，喷洒要在晴天进行，若喷晒后 6 小时内下雨则需要再喷洒一次。蚜虫杀灭率可达 95%以上并有增产作用。

753. 沼液可防治大麦哪些病害?

叶锈病、黄花叶病。

754. 沼液可防治黄花菜哪些病虫害?

利用沼渣、沼液作为黄花的基肥、追肥、叶面肥，既可有效地预防黄花菜叶斑病、叶枯病、蚜虫等病虫害的发生，又可使黄花菜长势快，分蘖力、稳蕾率强，花蕾饱满，产量高，品质好，无污染，667 $米^2$ 产鲜花 1 500 千克左右，鲜花价格现在每千克 12 元，每 667 $米^2$ 产值 18 000 元左右，大幅度增加了农民收入，提高了经济效益。

755. 沼液可防治玉米哪些病虫害?

①病害：大斑病、小斑病。②虫害：螟虫。

756. 沼液可防治蚕豆哪些病害?

枯萎病。

757. 沼液可防治棉花哪些病虫害?

①病害：枯萎病、炭疽病；②虫害：棉铃虫。

758. 沼液可防治甘薯哪些病害?

软腐病、黑斑病。

759. 沼液可防治烟叶哪些病害?

花叶病、黑胫病、赤星病、炭疽病、斑点病。

760. 沼液可防治大豆、豇豆、菊花哪些虫害?

蚜虫。

761. 沼液可以防治叶菜类哪些害虫?

蚜虫、菜青虫。

762. 如何利用沼液杀灭蔬菜蚜虫?

采用沼液与煤油、洗衣粉混合液喷洒所用混合液配比为：沼液 14 千克，煤油 0.002 5 千克，洗衣粉 0.005 千克，每 667 米^2 喷洒量为 30 千克。可连续喷洒 2 天，蚜虫杀灭率可达 98%以上并有增产效果。

763. 如何利用沼液防治西瓜枯萎病?

西瓜枯萎病是一种分布广、传播快的病害，单纯用药剂防治很难见效。如果用沼肥防治该病会收到很好的效果。西瓜地块每 667 米^2 施沼渣 2 000～2 500 千克做基肥，用沼液浸种 8 小时后进行催芽育苗移栽，并在生长期叶面喷施沼液 3～4 次，基本上能控制重茬西瓜地块枯萎病的大面积发生。对个别发病株及时用沼液原液灌根可杀灭病原菌。

764. 如何利用沼液防治各类果树病虫害?

在苹果树、枣树、柿子树、樱桃树、梨树、柑橘树等果树生长期间，用沼液原液、稀释液或添加少量农药喷施果树，可防治果树蚜虫、红蜘蛛、黄蜘蛛和螨、蚧等病虫害。沼液浓度越高，杀虫效果越好。因此，喷施时多采用沼液原液，用沼液喷施果树时，加入 1/1 000～1/3 000 的氧化乐果，杀虫杀卵效果非常显著，成虫和虫卵杀灭率达 100%，而且药效期可持续 30 天以上，用沼液涂刷树体病部可防治果树腐烂病。在整个果树生长期内均可喷施沼液，喷施时间根据气温高低决定。气温高于 25℃时宜在下午 5 时后喷施；气温低于 25℃以下时可在露水干后全天喷施。

765. 如何利用沼液防治柑橘病虫害?

柑橘发现病虫害时喷洒纯沼液对防病杀虫都有作用。一般情况下红蜘蛛、黄蜘蛛在喷洒后 34 小时失去活力，40 小时后死亡 98%。蚜虫在喷洒 30 小时后停止活动，40～50 小时死亡 94%，其他害虫在喷洒后 3 小时死亡，杀灭率达到 99%。喷洒应在晴天进行。

766. 利用沼液制作棉花营养钵能防治哪些病虫害?

用沼液制作棉花营养钵，能防治棉苗立枯病、蚜虫、地老虎等多种病虫的侵害。

767. 沼气气调储藏的生理基础是什么?

在正常的空气中，氧的含量为20.9%、氮为78.1%、二氧化碳为0.03%，其余为水蒸气等。如果把空气中的氧气含量降低，适当增加二氧化碳的浓度，可以降低水果、蔬菜、粮食种子的呼吸强度，其新陈代谢也就减弱了，从而推迟了储藏期的后熟期，同时延长了储藏物的储藏期。

768. 沼气气调储藏的基本原理是什么?

沼气气调储藏就是在密封的条件下，利用沼气中甲烷和二氧化碳的含量高、含氧量极少、甲烷无毒的性质和特点，来调节储藏环境中的气体成分，造成一定的缺氧状态，以控制粮、果、蔬菜的呼吸强度，减少储藏过程中的基质消耗，防治虫、霉、病、菌，达到安全储藏的目的。

769. 利用沼气储粮的原理是什么?

沼气储粮是根据“低氧储粮”原理，利用沼气含氧量低的特性，将沼气输入粮仓而置换空气，造成低氧环境致使粮中害虫窒息而死，降低了粮食的呼吸强度，从而延长贮藏时间。

770. 利用沼气储粮的优点是什么?

利用沼气储粮方法简单、操作方便、投资少、效果好、对粮食无污染、对人体健康无影响。

771. 利用沼气储粮灭虫有几种方法？如何操作？

利用沼气储粮灭虫有两种方法：①过滤法，②充气法。

用一只普通大口坛子，用一块木板做成瓶塞式的坛盖子，盖子上面钻两个孔，孔的大小以插进沼气输气管为宜。进气管用2米长的塑料管，一头装上开关，连接在气压表的出气管上，另一头穿过坛盖的孔洞，通向坛子底部，再盘上一圈，并在这圈管子上用烧红的大针将管子钻若干小孔，再将管头塞闭，以便输进的沼气通过这些小孔往坛内均匀地释放。坛盖上的另一孔安装排气管，用1米长的塑料管，一头插进盖孔的里面，并与坛塞里面相平，一头接通沼气灯、灶具，使排气管放出的气体可以燃烧为止，经过3～5天连续通气，坛内害虫即可全部被杀死。

充气法的操作方式与过滤法大致相同，不同的就是定时向坛内输送沼气并使其充满，杀虫效果也很好。

772. 沼气气调储藏粮、果、蔬菜的作用是什么？

①可以抑制粮、果、蔬菜的后熟。在低氧、高二氧化碳、低温的条件下，有呼吸高峰的水果、蔬菜若高峰期采收贮藏其呼吸强度明显减弱，从而大大推迟了呼吸高峰的到来，同时在气调的条件下水果、蔬菜等也降低了呼吸作用。所以，气调储藏抑制了储藏物的后熟过程，可延长食品的货架期1～2倍。②可以减少粮、果、蔬菜的损失。根据贮藏试验，应用气调库储藏水果不仅延长储藏期2～3个月，保持了水果的质量和营养价值而且减少了经营损失20%以上，即气调冷库储存苹果平均损失4.8%，而一般冷库储存苹果平均损失高达21.3%。③抑制粮、果、蔬菜的生理病害。气调储藏可以抑制水果、蔬菜的老化，对一些蔬菜可达到保绿的作用，水果、蔬菜的老化主要是纤维素增加而引起的，在气调储藏中这种变化减慢。④可以抑制真菌的生长和繁殖。在低温条件下若增加二氧化碳的浓度，可以延长真菌的萌发

时间减缓其生长速度。⑤可以防止老鼠的危害和害虫的生存。在高二氧化碳和低氧的条件下，老鼠和害虫会窒息而死亡。

773. 利用沼气保鲜水果的过程中的三要素是什么？

沼气保鲜水果效果的好坏，关键取决于贮藏环境中沼气量、湿度、温度三个重要因素。①沼气量。沼气量充入多少，决定贮藏环境中氧含量的高低。它的作用是降低贮果的呼吸和蒸腾作用，使贮果处于冬眠状态，因此输入的沼气量要准确计算。一般每立方米贮室内充入 0.14 米^3 沼气，使贮藏室内沼气浓度适中，烂果率低。②湿度。适当的湿度是使贮果减少水分蒸发，提高贮果鲜度和品质的一个重要条件。湿度波动较大对烂果率、失水率均有影响。贮藏室的相对湿度应掌握在 80%～90%。③温度。贮果的呼吸强弱除与氧含量有关外，与温度也有很大关系。温度越高呼吸越旺盛，反之则弱。贮果期间贮藏室的温度以 5～10℃为宜。温度过高会增加贮果的烂果率，一般贮藏室的温度超过18℃，就不适宜贮藏鲜果了。

774. 如何利用沼气进行粮库储粮？

粮库储量储藏数量很大，它由原有粮仓、沼气进出系统、塑料薄膜封盖组成，关键是各部分必须密闭不漏气。其技术要点是：①储粮装置安装：在粮堆底部设置“十”字形、中上部设置“井”字形沼气扩散管。扩散管要达到粮堆边沿，以利沼气能充满整个粮堆。扩散管可用内径大于 1.6 厘米的塑料管做成，每隔30 厘米钻一个通气孔。“十”字形管与沼气池相通其间设有开关。粮堆周围和表面用 0.1～0.2 毫米厚的塑料薄膜密封。在粮堆顶部的薄膜上安设有一根小管作为排气管，排气管可与氧气测定仪相连。②沼气输入量：在检查完整个系统，确定其不漏气后方可通入沼气。在系统中设有二氧化碳和氧气测定仪的情况下，可用排出气体中二氧化碳和氧气浓度来控制沼气输入量。当排出气体中的二氧化碳浓度达到20%以上、氧气浓度降到5%以下时，应停止充气并密闭整个系统，以后每隔15天左右输入沼气一次，输入量仍按上述气体浓度控制。在无气体成分测定仪的情况下，可在开始阶段连续4天输入沼气，每次输入量为粮堆体积的1.5倍。之后每隔15天输一次沼气，输入量仍为粮堆体积的1.5倍。注意输入沼气时应该打开排气管。

775. 利用沼气气调粮库储粮时应注意哪些事项?

①要经常检查整个系统是否漏气。沼气管、扩散管若有积水应及时排出。②为防止火灾和爆炸事故发生，严禁在粮库内和周围吸烟用火。③沼气池的产气量要与通气量配套。若沼气池产气量或储气量不够，不能一次满足所需气量时，可用连续两三天时间输入所需沼气量。在通气前30天，可向沼气池内多添加一些发酵原料，以保证有足够的沼气。

776. 利用沼气与塑料帐密封、缺氧灭虫相结合延长粮食储藏期的技术要点是什么?

利用沼气灭虫储粮是一项技术性工作，在实际操作中要认真执行技术规范才能达到预期效果。具体要点是：①根据沼气池容积的大小和距离的远近，可选用聚氯乙烯硬管或软管作通气管。管径通常为16毫米，在粮堆的下面最好选用直径为16毫米的硬管，在管上隔200～300毫米处烙一个4～6毫米小孔做底部的沼气扩展管。扩散管每隔2米左右做“井”字形排列或者做“丰”字形排列，交叉处用四通或三通，相连底管的两端必须与沼气主管联结。沼气主管在未入仓和未进沼气压力表之前，必须在管道的最低处安装气水分离器以免沼气中吸附的少量水分进入粮堆。同时，在输送沼气主管上要安设气体流量计和开关，在粮堆内分上、中、下三层安上测温器和测气管并与测氧仪或与二氧化碳分析仪连接，以便随时检测粮堆中环境气体的含氧量或二氧化碳的含量以及粮堆内的温度。粮仓上顶和四周用 0.1～0.2 毫米聚氯乙烯塑料帐密封。②管道安装完毕并检查无漏气、堵塞后，即可打开沼气输气开关使沼气进入粮堆；粮堆内的气体在沼气压力的驱排下从粮堆顶部的排气管经测量仪器后排出仓外；当充入的沼气量达到粮堆容积的 1.5 倍时，通过测氧仪器测得粮堆中的氧气含量下降至 2%～5%，二氧化碳含量上升到 20%～30%，关闭测氧仪前排气管和沼气开关，密封保存 3～5 天即可杀死粮堆中的玉米象、拟谷盗、绿豆象等主要贮粮害虫，无害虫期可保持 1 年左右。③注意事项。塑料帐、管道系统必须密封严实，输气前应仔细检查输气管道有无漏气、堵塞以及管道内有无冷凝水、粮仓是否密封等；仓库内严禁用火柴、打火机、煤油灯、蜡烛等明火或吸烟，防止发生火灾；含水量较高的粮食长期处于缺氧呼吸会产生较多的酒精，使粮食遭受毒害，造成品质下降，所以要经常换气。

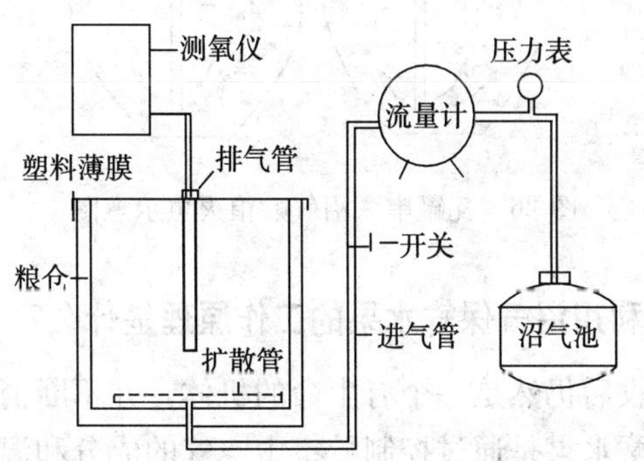

图 25　塑料帐密封沼气灭虫贮粮示意图

777. 如何利用沼气与各种容器相结合密封缺氧储粮？其技术要点是什么？

利用沼气与各种容器相结合密封缺氧储粮，在广大沼气池用户家中应用范围比较广泛，因为它操作简单、使用效果明显、容易被用户接受。由于家庭粮食数量较少，宜采用瓦缸、坛子、木桶或水泥池等容器储粮灭虫。其技术要点是：①用木板做一瓶塞式缸盖，盖上钻两个小孔，孔径大小以恰能插入进气管为宜。一个插入进气管，另一个插入排气管，如果瓦缸多可用管道串联起来，将进气管连接瓦缸底部的直径16毫米塑料管扩散器上，缸内装满粮食后盖上缸盖并用石蜡密封；②在排气管的一端接上三通，将三通管的另外两端分别与压力表和沼气开关、灯或灶连接；第一次充沼气时应打开排气管上的开关使缸内空气尽量排除直到能点燃沼气灯为止，然后关闭开关使缸内充满沼气5天左右，即可杀死全部害虫。

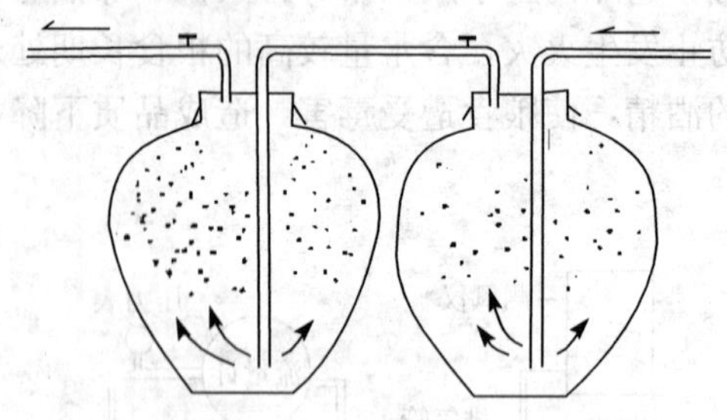

图26　瓦罐串联沼气贮粮灭虫示意图

778. 利用沼气保鲜水果的工作原理是什么?

水果采收后仍然是一个有生命的机体，并不断消耗养分和水分，沼气贮藏水果是通过控制贮室中空气的成分和温度，使贮果的呼吸、蒸腾作用降到最低限度而又不至窒息发生生理病害从而达到保鲜的目的。

779. 沼气保鲜水果、蔬菜的优点是什么?

①保鲜时间长。保鲜期可由正常情况下的30天延长到150～200天左右，而电能冷藏保鲜期仅120天左右；②保鲜成本低。

除建库投入外，沼气保鲜与电能冷藏保鲜相比成本更低、更为合算；③保鲜效果好。沼气保鲜的烂果及失水率仅为3%，而电能冷藏保鲜的烂果及失水率高达8%；④经济效益高。以苹果为例，保鲜前每500克只卖1元左右，保鲜后销售价每500克2元左右按每库8米^{2}计算，贮藏1.6万千克苹果利润可达1.5万元左右。

780. 利用沼气与果品缺氧保鲜储藏相结合的技术要点是什么?

①适合储藏果品的场所应是避风、清洁、温度比较稳定昼夜温差变化不大的地方。②适合沼气进行气调储藏果品的形式通常有：容器式、薄膜罩式、土窖式、储藏室式四种。容器式和薄膜罩式具有投资少、设备简单、操作方便易行等优点，但储藏过程中环境条件变化较大且储藏量小，适合家庭和短期储藏；土窖式和储藏室式虽然土建投资大、密封技术要求高，但储藏容量大、使用周期长、环境条件受外界干扰小，适合集体、专业户和长期储藏采用。③装果：将挑选后的果品装入塑料筐、纸箱或聚乙烯袋中入室储藏，在观察窗处设置水银温度计和相对湿度计，以便随时检查室内温、湿度变化情况；储果堆好后封门并用胶带纸或其他密封材料封闭门缝。④通过气体流量计向储藏室内定量充入沼气，充气量每天每立方米储藏室容积0.06米^3，经过10天左右逐渐加大到0.14米^3，随后每天定时按每立方米储室容积充入沼气0.14米^3，使储果室内环境气体的含氧量或二氧化碳含量达到或接近最佳数值。⑤保持适宜的温、湿度，除可减少储果水分损失和基质消耗外还能保持储果的鲜度和品质。一般根据不同品种储藏室温度应保持在5～10℃，湿度应稳定在94%左右，温、湿度值应尽量达到或接近最佳数值。每天的温度变化应小于±1℃,湿度尽可能保持稳定否则因温、湿度波动过大，会使环境中的水分在果品表面结露增加腐果率，不利于保鲜和储藏。

781. 如何管理利用沼气保鲜储藏的果品?

沼气储果2个月后每隔10天应将储果翻动一次顺便进行换气。翻动时应及时检查储存状态以便采取相应措施，同时挑出烂果和有伤的果品；以后每隔半月翻动一次，每次翻果可顺便换气半天，以免储果因长期缺氧而闷死；低温季节宜在气温较高的中午换气，高温季节宜在夜间换气。同时注意定期用2%的石灰水对储藏室的地面、墙壁和果箱进行消毒，保持环境卫生，当气温低于0℃时要采取保温措施，防止冻伤水果。

782. 如何利用沼气储藏柑橘?

利用沼气储藏柑橘不仅方法简单、易操作，而且可使柑橘保鲜、延长储藏期、利用时间差提高经济效益，所以说一举三得。储藏方法如下：①采果：采果应选择晴天露水干后进行，采收时要用果剪轻拿轻放不要碰伤果子。②预储：选择干燥、阴凉、通风的地方对柑橘进行预储，目的是使果皮蒸发少量水分释放“田间热”，减轻果皮细胞膨压使果皮软化略有弹性，预储时间为2天左右。③沼气用量的控制：一般情况下沼气通入量为每立方米储藏空间每天输入0.01～0.03米^{3}沼气。储藏前期沼气输入量可少一些，当气温较高柑橘呼吸增强时适当加大输入量。一般情况下每15天还需要换气一次。

783. 利用沼气储藏柑橘的效果如何?

利用沼气储藏柑橘时间一般可在当年秋收后11月中下旬开始，直至下年的5月中下旬，只要严格贮藏操作最长贮果时间可达200天以上，保鲜率达90%左右。

784. 利用沼气储藏柑橘的储藏装置有几种?

沼气储藏柑橘的装置有①膜罩，②储藏室，③箱等，所有储藏装置都应选择在通风、清洁、温度相对比较稳定、昼夜温差小的地方。

785. 利用沼气储藏柑橘管理方面应注意什么?

①沼气用量的控制：一般情况下沼气通入量为每立方米储藏空间每天输入 0.01～0.03 米^3 沼气。储藏前期沼气输入量可少一些，当气温较高、柑橘呼吸增强时适当加大输入量。一般情况下每半个月还需要换气一次。②翻果：入库后 1 周翻果一次，将有损伤或变质的果子取出，以后每半个月左右结合换气翻果一次。③温度、湿度控制：一般要求储藏温度为 5～15℃。超过 15℃时要特别小心，超过 20℃则储藏不能进行。过高温度易导致柑橘腐烂，过低温度会冻坏柑橘影响其品质。储藏室内的湿度应控制在 98%，当湿度不够时可从加水孔处向储藏室添加水分。④出果：出果之前应先通风 3～5 天，以便让柑橘逐步适应库外环境，防止出库后“见风烂”。⑤防止火灾、爆炸等事故发生：沼气是一种可燃气体，1 份沼气与大约 6 份空气混合时遇火就会发生爆炸事故。因此，严禁在储藏室内外吸烟、点灯。

786. 如何利用沼气烘干粮食?

我国广大农村主要靠日晒使粮食及农副产品干燥，收获后如果遇到连阴雨天气往往造成霉烂。利用沼气烘干粮食及农副产品设备简单、操作方便、成本低、工效高可以有效地减少遇雨霉变的损失，适合一家一户使用。具体方法是：①用竹子编织一个凹形烘笼，取 5～7 层砖围成一个圆圈做烘笼的座台。②把沼气灶具放在座台正中用一个铁皮盒倒扣在灶具上，铁皮盒离灶具火焰 2～4 厘米，然后把烘笼放在座台上，将湿粮食倒进烘笼内并点燃沼气灶，利用铁盒的辐射热烘笼内的粮食烘 1 小时后把粮食倒出来摊晾，以加快水蒸气散发。③在摊晾第一笼粮食时接着烘第二笼粮食；摊晾第二笼粮食时又回过来烘第一笼粮食。每笼玉米反复烘2次就能基本烘干贮存不会生芽、霉烂。

787. 利用沼气烘干粮食时应注意哪些问题?

①烘笼底部的突出部分不能编得太深。深了烘笼上部粮食堆放太厚不易烘干。②编织烘笼宜采用半湿半干的竹子，不宜用刚砍下的湿竹子，湿筐条编制的烘笼烘干后缝隙扩大粮食容易漏掉。③准备留作种子用的粮食，不宜采用这种强制快速烘干的办法。

788. 沼气储粮主要有哪些程序?

沼气储粮的程序是：清理储粮器具——布置沼气分配管——装粮密封——输入沼气置换——密闭杀虫。

789. 利用沼气储存粮食应注意哪些问题?

①经常检查整个沼气系统是否漏气，防止火灾和爆炸事故发生，严禁在储粮周围吸烟、用火。②沼气管、扩散管内若有积水要及时排出。③沼气池的产气量要与通气量匹配。④沼气中含有一定量的水分，粮食在储藏前应尽量晒干使水分下降至13%以下，在输气管中安装气水分离器或生石灰过滤器。⑤要特别注意防止人员中毒。

790. 利用沼气储粮的技术要点是什么?

（1）原理：因为沼气含氧量低，将沼气输入粮仓置换出粮仓内的空气，造成低氧环境致使粮食中的害虫窒息而死，从而实现储粮的目的。

（2）建仓：农户可用大缸作为储粮工具，也可新建2～8米^{3}的小仓库来储粮，粮仓最后必须能密闭。

（3）布置沼气扩散管：若是用缸储粮，可用沼气输气管烧结一端，然后用烧红的大头针刺小孔若干置缸底。用仓储粮则需要制作“十字”或“丰字”形沼气扩散管置仓底，各支管上刺若干孔以便仓内迅速充满沼气。

（4）装粮密封：将需除虫的粮食装入缸中或仓中，装好沼气进、出气管塑膜密封。

（5）输入沼气：上述工序结束后即可向仓内输入沼气，一般每立方米粮食需要输入沼气 1.6 米^3 才能达到杀灭害虫的目的。检验方法是：将沼气输出管接上沼气灶并以能点燃沼气灶为止。密封 5 天后再输入一次沼气，以后每 15 天输入一次沼气。

791. 如何利用沼气灯诱虫养鱼、养鸡、养鸭？

沼气灯光的波长在 300～1 000 纳米，许多害虫对 330～400 纳米的紫外线有最大的趋性，夏、秋季节正是沼气池产气和各种害虫发生的高峰期，利用沼气灯诱蛾养鱼、养鸡、养鸭可以一举多得。其技术要点如下：①合理确定沼气灯高度。根据沼气灯的照度一般应吊在距地面或水面 80～90 厘米处的高度最佳。②诱虫喂鸡、鸭。在沼气灯下放置一只盛水的大木盆，水面上滴少许食用油，当害虫大量涌来时放出鸡、鸭采食，也可不用木盆由鸡、鸭直接抢食。③诱虫喂鱼。离塘岸 2 米处用 3 根竹竿做成简易三脚架将沼气灯固定。④诱蛾时间。根据害虫前半夜多于后半夜的规律，诱蛾时间以天黑至夜晚 12 点为好。可在沼气输气管中加少许水产生气液局部障碍，使沼气灯产生忽闪现象增强诱蛾效果。沼气灯与沼气池相距 25 米以内时，可用直径 16 毫米的塑料管作沼气输气管；超过 30 米时应适当增大管径（加粗输气管）。

792. 沼渣养蛋鸡技术要点是什么？

用沼液和沼渣做添加剂喂蛋鸡，产的蛋个大、皮厚，一般提高产蛋率 8%左右。喂养技术要求：①用沼液和清水拌合 3∶7 最佳；②用沼渣和饲料拌和 1∶4 为最佳；③不同沼渣拌不同饲料效果变化不大；④必须是正常使用 3 个月以上的沼气池，并要求不要有毒物质的沼渣、沼液。

793. 如何利用优质沼气孵鸡？技术要点是什么？

利用优质沼气孵鸡，在技术上要掌握好以下几点：

(1) 正确掌握孵化温度。一般孵箱内温度在孵化前期（第一至七天）应控制在 38.5～39.5℃，中期（第八至十二天）控制 37.5～38.5℃，后期（第十三至十八天）控制在 36.5～37.5℃。当温度低于 35.5℃时间长容易“冻死”胚胎；而温度高于 40℃时间长则容易“烧死”胚胎。

(2) 凉蛋与翻蛋。一般不需要专门凉蛋只需每天中午在往水箱里加水时开一次箱门，时间 5 分钟左右。翻蛋一般要求每隔 2 小时转动箱外摇把，转向符合翻蛋所需的角度并可听到种蛋微小的移动声，即完成翻蛋 1 次。当胚胎发育至中期后，因为胚胎的发育产生了大量热能，所以要及时散发多余的热量需要凉蛋。孵鸡第十三天起每天凉蛋 2～3 次，温度降低到 36～37℃；到第十七天时特别要加强通风换气，到第 20 天时要停止凉蛋。每次凉蛋时间为 15～20 分钟。

(3) 通风换气。胚胎对空气的需要量是前期少、后期多。后期对空气的需要量为前期的 110 倍，孵箱内的通风换气主要是通过箱底进气孔和两侧的排气孔来实现的，并可根据孵化各阶段对新鲜空气的要求去调节气孔的大小。在这之中要注意孵箱内尽量保持暗淡光线（用 15 瓦白炽灯）为宜，孵化周期内尽量保持黑暗。

(4) 掌握好适宜的湿度。湿度的高低可影响种蛋的出雏率及雏鸡的品质。湿度过低，蛋中水分会蒸发过多，发育加速，苗禽出壳后身体瘦即肉色不好；湿度过高，蛋中水分向外蒸发过少和胚胎的发育慢，苗禽出壳后腹部膨大站立不稳。孵化期对湿度的要求是：孵化前期（1～6 天），相对湿度 55%～60%，中期

(7～17天）为50%～55%，后期（18～20天）为65%～70%。

(5) 摊蛋。把入孵14天的种蛋从孵化箱取出放到出壳箱，使其利用新陈代谢的自温继续孵化至出壳，这一过程称为摊蛋。此时温度应控制在37℃、相对湿度70%。

(6) 管理好沼气池。沼气孵化箱孵化小鸡是靠沼气燃烧加温，水箱产生热量去实现的。一般采用沼气孵化箱孵禽每天需耗沼气1.5米^{3}左右，需要有两口8～10米^{3}的沼气池交替供气。为保证沼气池有足够的产气量，在孵化前40天左右沼气池要进行一次大换料。孵化生产期长沼气应做到勤进料、勤出料、勤搅拌使其产气正常。

794. 利用沼气孵化幼鸡有哪些优点？

①沼气孵鸡不需要煤、电、木炭等，成本低廉，节约费用90%以上。如果电孵化幼鸡需要21天不停电，否则影响出雏率，而沼气孵化不存在这个问题。②清洁卫生、健雏率高。孵化中胚蛋发育不受煤气、一氧化碳等污染，雏鸡对各种疾病抵抗力强，成活率达98%左右。③各地农村可根据自身条件因陋就简就地利用沼气搞孵化，特别适合农村养鸡专业户自繁、自养、自销，减少中间环节，提高经济效益。④利用沼气孵化幼鸡可不受季节、能源和蛋种多少的限制，只要管理好沼气一年四季均可孵化。

795. 如何利用沼气灯增温育雏鸡？

早春气温低空气湿度大，雏鸡体温调节机能不全，若此时补给一定的光照和温度，对满足雏鸡生长发育具有重要作用。沼气灯育雏鸡方法简单、投资小、效果好。具体做法是：①选择一些旧纸箱、木箱、竹筐作育雏箱，每箱最多放雏鸡30只（以防过多小鸡上堆压死）。②将点燃的沼气灯置育雏箱上方70～80厘米。③经常检查箱温。1周龄小鸡的适宜温度是30～33℃。2周龄适宜温度28～30℃，3周龄以后控制在28℃。④光照时间：1～2日龄可照23小时，3～4日龄22小时。4～7日龄20小时以后逐步减少。⑤注意通风换气以防废气过多小鸡中毒。

796. 如何利用沼气灯养蛋鸡?

主要用于解决蛋鸡在产蛋期光照不足问题，利用沼气灯作光源给予补充。蛋鸡生长最适宜温度是15～25℃，每日达不到光照16小时要求时，可以考虑利用沼气灯给蛋鸡增温、增光。办法是：按每15米^{2}鸡舍点一盏沼气灯，时间在日出前或日落后均可，按当天光照时间补足到16小时来确定沼气灯照明时间，切忌点长明灯否则易造成母鸡的调节机能紊乱。

797. 如何利用沼液喂养肉鸡?

①将沼液拌和在鸡饲料中喂饲。②与清水混合后供鸡饮用。③在用沼液喂鸡前要给肉鸡注射疫苗。④鸡饲料组成：米糠占11%，玉米占22%，麦麸占12%，麦草占55%。每只鸡每天喂饲料0.112千克。⑤沼液添加量为每只鸡每天0.03千克，占饲料重量的26%。饲喂沼液80天后比不添加沼液的增重25%～36%。

798. 如何利用沼液喂养蛋鸡?

①将沼液与清水混合后供鸡饮用。②用牛粪作为发酵的沼液喂鸡，沼液与清水的拌和比为3∶7，产蛋率提高12%～18%。③用鸡粪作为发酵原料的沼液与清水的拌和比为3∶7，产蛋率提高8%～11%。④用猪粪作为发酵原料的沼液与清水的拌和比为3∶7，产蛋率提高7%～10%。

799. 为什么利用沼液喂蛋鸡能提高产蛋率?

因为沼液中含有多种氨基酸、微量元素等活性物质，能有效地刺激母鸡卵巢的排卵功能提高产蛋能力。用沼液饲养的母鸡可提前20天产蛋，且产蛋率提高8%。

800. 为什么利用沼液喂肉鸡能提高经济效益?

沼液中含有多种氨基酸、微量元素等活性物质，用沼液饲养肉鸡，鸡的增重率可提高25%～36%。

801. 为什么说利用沼液作添加剂喂猪需要预试阶段?

由于猪吃食有一个习惯过程，所以添加沼液喂猪要经过一个预试阶段。即每天用盆罐盛一些沼液放在圈中让其嗅闻沼液气味，经过10～15天后再将微量新鲜沼液拌入饲料中喂养，使之慢慢适应，以后逐渐增大添加量。如直接用沼液拌饲料喂猪，应先让其饿1～2顿以增加食欲，然后由少到多添加沼液。

802. 在什么样的情况下利用沼液作为添加剂喂猪有明显的增重效果?

实践证明，在猪饲料的营养成分能完全满足猪生长要求的情况下，添加沼液喂猪并无显著作用。在猪饲料营养水平较低的情况下添加沼液有明显的作用。

803. 利用沼液养的猪一般有什么样的特点?

饲喂沼液的猪通常有皮肤泛红，比较爱吃、爱睡的特点，这是正常现象。如发现猪腹泻应暂时停止加沼液，待兽医检查治疗到猪正常后再逐步添加沼液。

804. 什么叫沼液喂猪?

所谓沼液喂猪并不是指沼液代替猪饲料，而只是把沼液作为一种猪饲料的添加剂，起到加快生长、缩短肥育期提高肉料比的目的。

805. 为什么说利用沼液喂猪能迅速增重？其原因是什么？

沼液喂猪机理是：沼液中含有芽孢杆菌，它进入猪体后能发挥多种作用，起到了节约饲料、缩短肥育期的作用。芽孢杆菌的作用有 4 个方面：①有助于饲料的消化吸收。芽孢杆菌能产生大量消化酶，这些酶类有助于饲料特别是饲料纤维素的消化。②改善生猪营养供给。芽孢杆菌能合成多种维生素提供给生猪。③芽孢杆菌能产生抗菌物质，帮助生猪抵抗疾病。④芽孢杆菌能提高生猪的免疫能力使猪健壮。

806. 为什么说利用沼液喂猪能很快提高经济效益？

实践证明，沼液喂猪既能提高猪肉质量又可增加猪肉的产量。根据调查，添加沼液喂猪饲料转换率可提高 16%左右，饲料周期缩短 20～30 天，猪肉增产 15%～25%，饲养成本降低 15%～25%。用沼液饲养的猪经屠宰后，解剖分析肉质及品位无异常，均符合国家标准。

807. 沼液养猪的特点和技术要点是什么？

利用沼液作添加剂喂猪，猪普遍呈食欲好、贪睡、生长加快的现象，一般提前 20～30 天出栏，每头猪的皮毛油滑，健壮少病，节省饲料 30～50 千克。沼液做添加剂的技术要求是：①沼液的浓度掌握在 1.0%～1.5%为宜。②沼液的添加量以占日粮比例的 80%～98%为最佳。③添加量因猪的大小不同而异，50 千克前每日四餐沼液添加量占日粮的 80%，50 千克以后每日三餐沼液量占日粮的 70%～98%。④新建或大换料后的沼气池必须在正常产气使用 3 个月以后方可取沼液喂猪。⑤病态的、不产气的和投入有毒物质沼气池的沼液禁止喂猪。

808. 沼液养猪应注意哪些事项?

①严格控制沼液摄入量。沼液喂猪不能急于求成，作为添加剂应根据生猪体重而定，本着由少到多的原则进行，切忌随意加量，以免引起中毒或抑制生长等副作用。②掌握取沼液的正确方法。只有沼气池内的中层沼液才会有多种营养成分，所以一定要取“中层沼液”，沼液喂猪最好当日取用，夏令时节取后要停放半小时以后再用，以降低氨气浓度。

809. 如何利用沼液给猪拌饲料?

①在正常使用 3 个月以上的家用沼气池中，从出料间取出适量的“中层沼液”放入饲料中拌匀即可。夏季饲料拌好后可放置 10～15 分钟，目的主要是让沼液渗透到饲料里，另一方面让氨味挥发掉。②由于猪的不同生长发育阶段的体重、吃食量和采食习惯等情况有所不同，因而沼液添加量也要因猪制宜。③子猪阶段（体重在 25 千克以内）喂养时在饲料中添加少量沼液，以锻炼子猪对沼液的适应性，时间需 10 天左右，然后开始添加沼液喂养每天 4 次，每次沼液喂量为 0.3 千克左右。④架子猪阶段（体重 25～50 千克）一般每天喂养 3～4 次每次沼液喂量为 0.6 千克左右，如在饲料中增加少量骨．鱼粉增重量将更快。⑤育肥猪阶段（体重 50～100 千克）这时期猪全面发育食量大、增重快沼液量也应增加到每次 1 千克左右每天 3 次。⑥在用沼液拌饲料至半干半湿时，如沼液量不够可另加清水饲料，以猪吃完不剩为准。另外视沼液浓度高低可适当增减，沼液浓度高的可以少添一些、浓度低的可多添一些。

810. 如何利用沼液喂羊?

取正常产气 3 个月以上的沼液，放入盆中让羊自由饮用，早、晚各一次，羊的增重效果明显。

811. 如何利用沼液喂奶牛?

取用沼气池中正常产气3个月以后的中层新鲜纯净沼液，按沼液量与饲料量1∶1～2的比例拌饲料喂奶牛，效果明显。

812. 为什么利用沼液养奶牛能提高产奶量及经济效益?

沼液中所含的各种营养和激素能刺激奶牛泌奶系统的产奶功能从而提高产奶量。按沼液量与饲料量1∶1～1∶2的比例拌料喂养奶牛，试验牛比对照牛每天平均产奶量增加2～3千克。例如：河南省商水县王庄村，河南省花牛王乳业食品有限公司，有奶牛300多头，占地近33 350米^2，利用沼液、豆渣和氨化饲料综合利用养奶牛，现有产奶奶牛120多头，每头奶牛每天出奶30多千克，合计每天奶牛产奶3 600多千克，按市价批发0.75元/千克，零售1.00元/千克，每天售奶11 000元，全年售奶产值400多万元。该村的思路是：公司＋农户＋基地，形成了①粮(大豆加工腐竹、豆渣喂奶牛)—牛(牛粪入池)—沼气池(沼液＋饲料喂奶牛)—大田。②秸秆(氨化秸秆喂牛)—牛、猪(牛、猪粪)—沼气池(沼液、沼渣综合利用)—蔬菜、瓜果、粮食。B

813. 沼液养鱼的具体方法是什么? 增产效果和收入又如何?

一般沼液随淡水施入鱼池塘。用沼渣与饲料拌和制成颗粒饵料使鱼塘浮游生物量增多、叶绿素含量高、溶氧量大，每667米^{2}水面鱼的产量可提高10%～18%。技术要求：①每隔5～7天施用1次；沼液每667米^{2}按100～200千克灌施到鱼塘；沼渣每667米^{2}按100～150千克撒施入鱼塘；灌施或撒施要注意一个“匀”字。②增产效果。沼肥无论对肥水鱼或吃食鱼均有明显的增产效果。例如对白鲢、鳙鱼、白鲫、团头鲂、草鱼、鲤鱼、鲭鱼等。③增加收入。由于沼液养鱼使鱼类的生活环境改善，促进了鱼类的生长，减少了疾病的发生。从试验结果看，根据净增的鱼产量计算，沼液养鱼可比猪粪养鱼增收约30%，每667米^{2}多增加约600元左右的净收入，经济效益十分明显。

814. 利用沼肥养鱼的原理是什么？

沼肥养鱼是将经沼气池充分腐熟发酵后的残留物即沼渣、沼液施入鱼塘，为水中的浮游动、植物提供营养，增加鱼塘中的浮游动、植物产量，丰富滤食性鱼类饵料的一种饲料转换技术。

815. 为什么说利用沼肥养鱼能增产？

沼肥养鱼有利于改善鱼塘生态环境。实践证明，沼肥与未经腐熟的人粪尿比较，水体含氧量高13.8%，水解氮含量提高15.5%，铵盐含量提高52.9%，磷酸盐含量提高11.8%，因而使浮游动植物数量增长12.1%，重量增长41.3%，从而使白鲢增产36.4%，花鲢增产9%。

816. 为什么利用沼肥养鱼能减少病虫害？

沼肥施入鱼塘不再发酵，降低了泛塘死鱼的可能性，同时能减轻锚头鳋、中华鳋、赤皮病、烂鳃、肠炎等常见病虫的危害。

817. 如何利用沼肥养鱼？

（1）技术要点：利用沼肥养鱼时沼液和沼渣可轮换使用。其施用量要根据鱼塘情况确定，一般每次每667米^{2}鱼塘沼液用量不超过300千克，用沼渣不超过150千克。每周施用不超过3次，施用应在天晴时进行，采用洒泼方式。高温季节鱼类生长快，需要饵料多可适当增加施用次数，具体的控制方法可根据鱼塘水质来确定。一般在每年的4、5、10、11四个月，鱼塘水的透明度不低于25厘米，6、7、8、9四个月鱼塘水的透明度不低于15厘米。若鱼塘水的透明度低于上述标准则不能施用沼肥。利用沼液的鱼塘通常采用滤食性鱼和吃食性鱼混养的方法，即放养滤食性鲢鱼30%左右，杂食性鲤鱼40%～50%，吃食性草鱼20%～30%。①基肥。一般在春季清塘消毒后进行，每667米^{2}施沼渣150千克或沼液300千克均匀撒施。②追肥4～6月，每周每667米^{2}施沼渣100千克或沼液200千克；7～8月，每周施沼液150千克；9～10月，每周施沼液100～150千克。③施肥时间。晴天上午8～10点施沼肥最好；阴雨天气光合作用弱生物活性差，需肥量小可不施；有风天气顺风泼洒；闷热天气雷雨来临之前不施。

（2）注意事项：①沼肥养鱼适用于以花白鲢为主要品种的养殖塘，混养优质鱼（底层鱼）比例不超过40%。②水体透明度大于30厘米时说明水中浮游动物数量大，浮游植物数量少。③施用沼肥可迅速增加浮游植物的数量办法是：每2天施一次沼液，每次每667米^{2}100～150千克，直到透明度到25～30厘米后转入正常投肥。

818. 如何利用沼渣饲养黄鳝？

沼渣中含有比较全面的养分可供鳝鱼直接食用，同时也能促进水中浮游生物的繁殖生长，为鳝鱼提供饵料减少饵料的投放节约养殖成本。一般可降低成本40%左右。

（1）建造池穴：①根据养殖规模确定池容的大小。池深要求1.8米左右，池子挖好后池底铺水泥砂浆，池墙用砖头砌好并用水泥砂浆勾缝以免黄鳝打洞逃跑。②沿池墙四周及中央用卵石和碎石修一道小埂，高0.8米左右、宽0.6米，石缝用稀泥和沼渣填满作为黄鳝的巢穴和产卵埂。也可在中间开“十”字沟自然长，宽0.6米、深0.2米，沟底部要用水泥砂浆抹面，填一些片石，石缝用沼渣和稀泥填满，可供黄鳝在石缝中作穴产卵。

（2）管理：①放黄鳝苗前半个月，将沼渣与稀泥混合投放厚度为0.4～0.8米，作为黄鳝的饲料及活动场所。填好料后放水入池，水深随季节而定，一般夏季、秋季0.6米左右，春季、冬季0.3米左右。②放养量为每平方米投放小黄鳝（每条25克左右）2千克左右。③黄鳝活动的习性是昼伏夜出，夜间活动频繁所以投料通常在黄昏。小黄鳝下池1个月后，每隔8天左右投下一次鲜沼渣，投量为每平方米20千克，但应保持池内良好的水质和适当溶氧量，若发现鳝鱼缺氧浮头时应立即换水。鳝鱼喜吃活食，在催肥增长阶段每隔5天投喂一些蚯蚓、螺蚌肉、蚕蛹、蛆蛹、小鱼虾和部分豆饼等，投喂量为鳝鱼体重的5%。

(3) 注意事项：①发现鳝鱼缺氧浮头时应立即换水。②在鳝鱼生长期内要防止洪水冲毁、淹没鱼池。③严禁鸭子入池捕食鳝鱼苗。④如发现鳝鱼背部出现黄豆大小的黄色病斑时，可在池内投放几只活癞蛤蟆其身上的蟾酥有预防和治疗梅花斑状病的作用。⑤鳝鱼是一种半冬眠的鱼类，在入冬前要大量摄食贮藏养分供过冬消耗。因此入冬前要喂足饵料；入冬后放干池水并用稻草覆盖，厚度以不窒息鳝鱼为宜，以维持池温避免冻死鳝鱼。⑥冬季鳝鱼池加盖塑料薄膜保温效果更好。⑦大小鳝鱼应分开饲养，避免大鳝鱼吃小鳝鱼。

819. 为什么说利用沼渣养殖黄鳝能最有效地防治鱼病的发生？

沼渣经过了沼气池的厌氧发酵处理，细菌和寄生虫卵绝大部分已经沉降或被杀灭，所以用沼渣喂鳝鱼能有效地防止鱼病的发生。

820. 如何利用沼液饲养管理泥鳅苗？

刚孵出的泥鳅苗放养在水深30～60厘米的池内，放养密度为800尾/米^{2}左右。饲养初期投喂蛋黄、鱼粉、米糠等，随后按泥鳅苗总重量的3%～6%投喂配合饵料和适量沼液。沼液既可使泥鳅苗直接吞食又可繁殖浮游生物补充饵料。6～9月投饵量逐渐提高到15%左右，沼液也要适量增加，每天分上、下午各投喂一次，沼液投入后使浮游生物大量繁殖，保持池水呈浅绿色或茶褐色，有利于吸收太阳能热量，提高池水的温度，促进泥鳅的生长。施用沼液后要经常对泥鳅池进行检查，若氧量低应及时采取增氧措施。8～9月水温增高泥鳅生长快，耗食量大，可适当多施沼液，一般水的透明度不低于20厘米，若透明度过低则应换水。

821. 如何利用沼肥饲养管理成泥鳅?

成泥鳅放养在水深70厘米左右的池内，放养密度为0.1千克/米。投喂麦麸、米糠、米饭、菜籽饼粉、沼渣、沼液等，日投入量按泥鳅体重计算：3月为2%，4～6月为6%，7～8月为15%，9～10月为6%，11月至来年2月可不投饵。沼渣、沼液可交换投放以次数多量少为最佳，根据水质变化而定，刚投完沼肥不宜马上放水（除氧量太低外），以利于泥鳅直接吞食和浮游生物的生长，酷暑季节养鳅池上方要搭设遮阳棚，并定期加注新水入池。冬季可在养鳅池四角堆放沼渣、牛粪、猪粪供泥鳅钻入保温。

822. 利用沼渣养蚯蚓都有哪些用途?

蚯蚓富含蛋白质，其蛋白质含量高达60%以上，还含有18种氨基酸，有效氨基酸达60%～65%。它既是鸡、鸭、猪、鱼的优质蛋白质饲料，也是人类有益的食品，还兼有药用价值。蚯蚓粪中含有较高的腐殖酸和锌、锰、铁、铜元素，能活化土壤，促进作物对磷的吸收，是一种优质肥料。蚯蚓还可作为饲料添加剂，使鸡、鸭生长健壮，免疫力增强；使肉鸡提早8～16天上市，小鸡成活率提高15%以上，鸡、鸭的产蛋率提高20%～35%；使猪长速加快，母猪多产乳。另外，蚯蚓也可用于喂鱼和泥鳅等。

823. 利用沼渣养蚯蚓的日常管理注意事项是什么?

在养殖蚯蚓过程中，除了严格按照技术操作外还要注意以下几点：①养殖蚯蚓要防止水蛭、蛇、鼠、鸟、蚁、螨等天敌伤害，养殖床应有遮光设施，切忌强光直射。②要保持养殖区环境安静，不要随意翻动养殖面。③要避免农药、废气的污染。④刚出池的新鲜沼渣不能马上放入蚓床喂蚯蚓，需要摊开晾干后饲喂，以免引起蚯蚓缺氧死亡。

824. 如何利用沼肥养蚯蚓?

(1) 室内养殖。一般分为坑养、箱养、盆养 3 种。目前以坑养为多，坑的大小依据养殖数量和室内面积大小而定。坑四周以砖砌水泥抹面为宜，墙高 50 厘米以上地面用水泥抹平或坚实土面亦可。

(2) 室外养殖。可选择避风向阳地方挖坑养殖。坑呈长方形深度不小于 80 厘米，一半在地下、一半在地面以上，四周用砖砌好，坑底用水泥抹平或坚实土面亦可。

(3) 放养。沼渣捞出后摊开晾干 2 天，然后与 20%的铡碎稻草、麦秆、树叶、生活垃圾拌匀后平置坑内厚度 30 厘米，均匀移入蚯蚓保持 70%湿度。

(4) 管理。蚯蚓生活适宜温度为 15～30℃，高温季节可洒水降温，室外养殖不可暴晒，应有必要的遮阳设施。气温低于 12℃时覆盖稻草保暖，保持 65%的湿度。

(5) 防止危害。预防水蛭、蟾蜍、蛇、鼠、鸟、蚂蚁等，避免农药危害，不能随意翻动床土以保持安静环境。

825. 如何利用沼气养蚕?

沼气养蚕是指用沼气灯给蚕种感光和燃烧沼气给蚕室加温。

可以达到孵化快、出蚁齐、缩短饲养期、提高蚕茧产量和质量的目的。具体做法是蚕种催青到快孵化时，让催青室完全黑暗，把蚕种摊开平放在距沼气灯下65～70厘米处点燃沼气灯1小时左右，一张蚕种可出蚁一大半，剩下的第二天再做一次即可出全。

826. 如何利用沼渣饲养土鳖虫？

土鳖虫是一种药用价值很高的昆虫，药材名为地鳖俗称土元。具有舒筋活血、去淤通经、消肿止痛的功效。用沼渣饲养土鳖虫方法简单、投资少、效益高是农村发展特色养殖的一个好项目。

(1) 建池：土鳖虫可采用洞养和池养两种形式。①洞养一般是在室内挖一瓮形的地洞，深1米左右、口径0.70米左右，如果地下湿度大洞可挖浅一些。洞壁要光滑，洞内铺放0.4米厚的沼渣混合料。②大量饲养土鳖虫用池养比较合适，饲养池可用砖砌成长1.2米、宽0.70米、高0.6米的长方形池子。池子墙壁要密封，池口罩上纱网防止土鳖虫逃走及鸡、鸭、猫偷吃。池底铺上0.20米厚的沼渣混合料，混合料要干湿均匀其湿度以手捏成团、落地即散为宜，这样湿度的饲料最适合土鳖虫的生长所需。

(2) 饲料：经厌氧发酵45天后的沼渣从沼气池水压间（出料间）取出，自然风干后再按65%的沼渣，10%的碎草、树叶，10%的瓜果皮、菜叶，15%的细沙土混在一起拌和堆好后备用。

(3) 管理：在饲养初期1～2个月，土鳖虫依靠池底辅料生活不需要投料。以后每天可按辅料的配比适当添加沼渣混合饵料。如果每隔1周再加喂一点玉米、麦麸、豆饼之类的精料，土鳖虫长得更快，但精料不宜多喂。

(4) 注意事项：①饵料要新鲜均匀撒在铺料上。若发现饲养池中的铺料干燥，可喷水使其保持一定的湿度。②一般每池养土鳖虫4千克，每次投料量2千克左右，在傍晚投料。③室温20～

40℃时，该虫最活跃可勤喂料，喂精料促其生长。

827. 如何利用沼气灶给日光温室加温？

利用沼气灶加温的方法是：在灶上煮开水利用水蒸气加温。这种方法的特点是升温较高，二氧化碳提供量大，同时能为蔬菜生长提供大量的气肥。

828. 如何提高日光温室内沼气池冬季产气量以保证给温室加温用气？

在10月中旬多投发热性或易分解的原料入池，如：牛粪、马粪、酒糟、蚕粪、豆腐房下脚料等，可提高沼气池冬季产气率。

829. 沼气在日光温室作物生长中有哪些作用？

沼气中含有大量的甲烷和二氧化碳，甲烷燃烧时又可以产生大量的二氧化碳，同时释放出大量的热能。沼气在蔬菜温室中有两个作用：一是利用沼气燃烧的热量提高温室温度或增加光照。二是利用沼气燃烧后产生的二氧化碳，为蔬菜生长提供“气肥”促进光合作用，提高作物产量。实践证明，利用沼气的温室可使黄瓜增产25%～40%，番茄增产13%～20%，辣椒增产20%～30%。

830. 在日光温室蔬菜生产中施用了气肥为什么还要适时增施追肥？

通入二氧化碳的日光温室，由于促进了蔬菜的生长发育，同时蔬菜容易早衰，为保证前期增产中、后期不早衰，施肥1个月后要进行追肥，每公顷可用375～450千克尿素结合浇水施入，以保证蔬菜正常的营养生长。

831. 在日光温室蔬菜生产中如何综合利用沼气？

最近几年，在我国北方地区建造了数百万个“四位一体”能源生态模式。这种模式将猪舍、沼气池、太阳能蔬菜温室、厕所等有机的结合起来，充分发挥了能源、生态、环境效益，促进了养猪业和冬季蔬菜生产的发展，给农户带来了很大的经济效益。沼气在日光温室蔬菜生产中的应用有两个方面。

(1) 利用沼气为温室增温和保温。 燃烧 1 米^3 沼气可以释放大约 23 000 千焦耳热量，可用这一数据来确定不同容积的温室增保温所需沼气量。每立方米空气升高 1℃大约需要 1 千焦耳的热量。若将上面所提的温室升温 1℃在不考虑散热的情况下，需要燃烧沼气为 0.1 米^3 沼气，由于温室保温性能不高，大部分热量散失很快。所以通常温室内每 100 米^2 面积设置 1 个沼气灶，或者 50 米^2 面积设置 1 盏沼气灯。

(2) 利用沼气为蔬菜温室提供二氧化碳气肥。 大气中的二氧化碳浓度通常在 0.03%左右。作物进行光合作用合成有机物时二氧化碳是主要碳源。因此，增加温室中的二氧化碳浓度可加速蔬菜的生长。温室内增施二氧化碳主要有三个来源：一是温室内燃烧沼气、二是土壤中的有机物被微生物分解释放二氧化碳、三是位于温室内的沼气池水压间释放二氧化碳。燃烧沼气时每立方米沼气可获得大约 0.9 米^3 二氧化碳。燃烧沼气使温室温度过高时应及时通风换气。土壤中释放的二氧化碳通常不多。沼气池水压间一般情况下释放二氧化碳不多，若能够将水压间料液与沼气池主发酵间内的料液循环，则可在短时间内释放大量的二氧化碳。大多数蔬菜的光合作用在上午 9 点左右最强。因此，增加二氧化碳浓度最好在上午 8 点前进行。

832. 为什么说不准在温室内堆沤发酵原料？

新建沼气池或大换料时，有的地方需对发酵原料进行堆沤处理，这种堆沤将释放氨气等有毒气体。因此，千万不能在种有蔬菜的温室内堆沤发酵原料。

833. 温室内增施二氧化碳对蔬菜生长有哪三大好处?

一是显著增产。用人工方法将二氧化碳的浓度提高可大大提高蔬菜产量，特别是前期增产更显著。二是调节蔬菜生长发育特别对黄瓜、番茄、芹菜、辣椒等品种可促进生长、植株增高、茎粗、叶片增加、开花结果提前、坐果率提高、拉秧期延后、商品果率提高。三是增强蔬菜抗病能力。如黄瓜霜霉病明显降低，番茄、辣椒的病毒发病率和病害指数明显下降。

834. 在温室内燃烧沼气增施二氧化碳时应掌握哪些技术?

在温室内燃烧沼气增温或增施二氧化碳时，一般是每 100 米^2 设置 1 个沼气灶，或者每 50 米^2 设置 1 盏沼气灯。日光温室内燃烧沼气要经过脱硫处理，在植株叶面积系数较大的温室内需要长时间通风的情况下，应在日出后 30 分钟左右点燃沼气灶或沼气灯，一般采用断续施放的方法，每施放 10～15 分钟间隙 20 分钟。点燃沼气施放二氧化碳的平均速度为每小时 0.5 米^3 左右，在放风前 30 分钟应停止施放。

835. 为什么要对温室燃烧的沼气进行脱硫?

沼气中含有约万分之一的硫化氢，随沼气燃烧后生成二氧化碳。当温室中二氧化硫浓度达到极限时则会使植株组织脱水、死亡。对二氧化硫比较敏感的作物有番茄、茄子、菠菜、莴苣等所以在温室燃烧沼气时要经过脱硫处理。

836. 在温室蔬菜生产中如何利用二氧化碳气肥?

(1) 在温室蔬菜生产中前期施用二氧化碳效果最好: 施后对培育壮苗，缩短苗龄期都有良好效果。对黄瓜、番茄等果菜类蔬菜宜在雌花着生、开花期及结果初期施二氧化碳。因为此期植株对二氧化碳的吸收量急剧增加，及时施用二氧化碳能够促进果实肥大。

(2) 施用浓度：人工施用二氧化碳的浓度应根据蔬菜种类、光照强度和温室内温度情况而定。一般在弱光、低温和叶面积系数小时采用较低的浓度。而在强光、高温、叶面积系数大时宜采用较高浓度。蔬菜种类、所处生育期、肥水条件、环境条件不同，所需要空气中的二氧化碳浓度也不同。苗期所需二氧化碳浓度低些，生长期则高些。

(3) 施用时间：大多数蔬菜的光合作用在上午9时最强。因此，增加二氧化碳浓度最好在上午8时前进行。具体讲11月至来年1月为9时，1月下旬至2月下旬为8时，3～4月为7时。植株叶面积系数较大的温室若需要长时间通风，应在日出后燃烧沼气或点沼气灯。平均施放速度为每小时0.5米^{3}左右。据此计算出不同体积温室增施各种浓度二氧化碳所需燃烧沼气时间。一般采用断续施放的方法每施放10～15分钟，间歇20分钟，在放风前30分钟停止施放。

837. 在温室内增施二氧化碳气肥时应注意哪些问题？

①增加温室二氧化碳的浓度，需要与足够的水肥条件相配合。②燃烧沼气使温室温度过高时应及时通风换气。③新建沼气池或大换料时有的地方需对发酵原料进行堆沤处理，这种堆沤将释放氨气等有毒气体，因此千万不能在种有蔬菜的温室内进行。

838. 为什么沼气可用于农产品烘干和加温？

沼气无焰式燃烧的红外线燃烧器表面温度达900℃以上，用于烘干农副产品（如油漆、布匹、粮食、经济作物产品等），可进入被加热物体内部使物体自内向外干燥。还适合于幼畜、雏禽、鱼类的冬季保温，用于采暖使人有柔和的感觉具有很大的经济性。

839. 为什么发酵残留物的综合利用技术具有地域性？

在不同地域及不同气候、季节、温度、湿度条件下，沼气发酵原料种类、比例、发酵时间的长短可能会有一定的差异。这会使沼液、沼渣的成分出现差异，使用方法、数量和效果也会有所不同。通俗地说它在此地适应，换到另一地域就需要改动，不能盲目生搬硬套，否则达不到预期的效果。例如：沼液浸种时间，在北方由于温度低，就需时间长一点。最稳妥的方法就是试用和试点，总结出经验再规模使用。

主要参考文献

1. 周孟津主编 . 沼气生产利用技术 . 北京：中国农业大学出版社，1999
2. 邱凌主编 . 农村庭园沼气技术 . 西安：农业部沼气质检中心西北工作站 . 2003
3. 刘英主编 . 农村沼气实用新技术 . 成都：农业部沼气科学研究所 . 2002
4. 夏国俊主编 . 农村能源开发建设与标准规范实用手册 . 北京：北大方正电子出版社
5. 倪慎军主编 . 农村小康与沼气建设 . 河南：中原农民出版社，2004